# COURS

# DE VINIFICATION

# COURS DE VINIFICATION

PAR

## J. SAHUC ✳✠✠

VIGNERON

Membre de la Société des Agriculteurs de France
Administrateur de la Confédération Générale des Vignerons
Professeur d'Œnologie à l'École supérieure libre
d'Agriculture de Purpan

"Editions Spes"

17, rue Soufflot, 17 — PARIS

# PRÉFACE

Le petit cours d'œnologie, que présente aux lecteurs M. J. Sahuc, est sans aucune prétention scientifique, mais il constitue le *vade mecum* indispensable à tous ceux qui, ne possédant pas des connaissances appropriées sur toutes les sciences qui président actuellement à la fabrication des vins, veulent cependant tirer le meilleur parti de la matière première : le raisin, qui leur a toujours donné beaucoup de peine à faire venir à bien.

Je dirai également que ce petit traité de vinification tire en très grande partie son intérêt de la personnalité même de son auteur. M. Sahuc n'est pas, en effet, un théoricien, il joint à ses connaissances scientifiques une expérience déjà très longue, basée sur l'obtention par les moyens qu'il indique de centaines de milliers d'hectolitres de vin. Cela constituera donc pour les praticiens une recommandation, en même temps qu'une garantie et ils liront avec grand profit ce petit livre.

Il n'est pas douteux que, de plus en plus,

le viticulteur devra chercher à rompre avec les errements anciens et apporter à la transformation de son raisin en vin les mêmes méthodes scientifiques qui ont donné de si bons résultats dans les autres industries de fermentation.

En un mot, c'est par une vinification rationnelle et par l'application de ces méthodes scientifiques que l'on parviendra à défendre non seulement sur le marché français, mais encore sur les marchés mondiaux les produits de notre vignoble.

M. Sahuc attire l'attention du lecteur notamment sur les avantages apportés en vinification par l'emploi simultané de l'acide sulfureux et des levures pures sélectionnées. Il le fait en praticien s'étant rendu compte par lui-même de l'amélioration obtenue par l'introduction de ces pratiques en vinification.

Il faut donc, si le viticulteur ne veut pas que le commerce français et étranger préfère et continue à préférer à ses produits ceux obtenus dans les pays viticoles encore jeunes, mais ayant su rompre avec une routine séculaire, réagir très vite et mettre la vinification à l'unisson des autres industries de fermentation.

On doit être reconnaissant à des praticiens comme M. Sahuc de montrer par l'exemple et d'enseigner qu'avec un supplément de dépense insignifiant et avec un peu de bonne volonté, on peut avoir la prétention de faire avec tous les raisins et quel que soit leur état, des vins excellents de tenue et de conservation assurée.

Je fais donc les vœux les plus sincères pour que se répande ce petit guide et qu'on le rencontre entre les mains de tous les vignerons soucieux de l'avenir de la viticulture française et du bon renom des vins de France.

Jules VENTRE,

Docteur ès-sciences,
Professeur d'Œnologie et des Industries agricoles
à l'École nationale d'agriculture de Montpellier.

# INTRODUCTION

Ce cours, fait aux élèves de l'Ecole supérieure libre d'Agriculture de Purpan, est un traité élémentaire de vinification.

Mon but a été d'enseigner aux élèves, le plus clairement et le plus simplement que j'ai pu, la manière rationnelle de faire, à coup sûr, du bon vin.

J'ai dit peu de choses nouvelles. J'ai été largement aidé par les ouvrages des œnologues éminents que sont MM. Roos, Ventre, Sémichon, Laborde, Mathieu, Pacottet, Chanerin, Rougier et Fabre.

Mais je n'ai accepté que les opinions dont la justesse m'avait été prouvée par mes observations personnelles et une expérience de trente ans.

J'ai particulièrement insisté sur la vinification rationnelle, c'est-à-dire le sulfitage suivi d'un levurage, car j'ai pu éprouver la sûreté de ce procédé.

Depuis 1902 j'ai vinifié suivant cette méthode, avec un succès constant, environ 360.000 hectolitres.

Dans ces dernières années, la vinification a fait de grands progrès en France et particulièrement dans le Midi. Mais, hélas, il existe encore trop de réfractaires aux idées de vinification scientifique et rationnelle. Il faudrait persuader à ces réfractaires que faire toujours du bon vin est facile, que c'est leur intérêt et que c'est leur devoir parce que c'est l'intérêt général de la France.

Avant la Grande Guerre, les pays étrangers n'importaient guère que nos grands crus et ne connaissaient pas notre vin ordinaire : « le Pinard ». Pendant la campagne de 1914-1918, nos alliés ont pu l'apprécier. L'Angleterre, la Belgique, les Etats-Unis eux-mêmes, lorsque la vague d'abstinence puritaine sera passée, pourront être des débouchés précieux pour nos vins ordinaires. On s'occupe de les créer, mais pour les conserver, il ne faut produire que du bon vin.

Des exportateurs intéressés ont émis l'opinion qu'il était impossible d'exporter des vins dans les pays chauds sans les viner et les porter à un haut degré.

C'est une hérésie scientifique, car, dans ce cas, le vinage n'est qu'un moyen empirique. Il est évident que, dans un vin contenant 15 ou 16 degrés d'alcool, les ferments de maladie ont de la peine à évoluer, et on a quelque chance de ne pas avoir d'accidents dans les vins portés à ce haut degré. Mais, outre que des vins aussi alcooliques sont malsains dans les pays chauds, on n'aura de sécurité absolue qu'avec les vins vinifiés d'une façon rationnelle, dans lesquels on a supprimé les bactéries, ferments des maladies. Ces vins, quel que soit leur degré alcoolique, se maintiendront sains dans tous les milieux, sous tous les climats.

J. SAHUC.

# COURS DE VINIFICATION

*L'Œnologie* est la science qui a pour objet l'étude et la préparation des vins. Elle comprend tout ce qui se rapporte au vin, qu'il s'agisse de sa préparation, de son analyse ou de la recherche des falsifications.

*La Vinification* est plus particulièrement l'ensemble des opérations qui ont pour but de fabriquer, d'améliorer et de conserver les vins.

**Le Cours sera divisé en sept Leçons.**

*Première Leçon.* — Composition du raisin. — Soins à donner à la vaisselle vinaire.

*Deuxième Leçon.* — Vendange. — Vinification.

*Troisième Leçon.* — Fermentation. — Levures. — Correction des moûts.

*Quatrième Leçon.* — Vinification en rouge. — Vinification rationnelle. — Égrappage. — Pressurage. — Piquettes. — Vins de diffusion.

*Cinquième Leçon.* — Vinification en blanc. — Vins divers. — Mistelles.

*Sixième Leçon.* — Réfrigération des moûts. — Concentration des moûts et des vins. — Pasteurisation. — Collage. — Filtrage.

*Septième Leçon.* — Soins à donner aux vins faits. — Maladies des vins. — Appréciation des vins. — Dégustation. — Coupage.

*Appendice.* — Législation vinicole.

# PREMIÈRE LEÇON

## Influence du cépage

Le cépage est un des facteurs les plus importants de la valeur des vins.

« *Le cachet de chaque espèce de vin, dit le D^r Guyot, est gravé dans chaque espèce de cépage. Le sol, le climat, l'année, l'exposition modifient ce cachet : mais il caractérise toujours son cep et diffère toujours des autres cachets.* »

Pour les régions septentrionales, il faut faire choix des cépages à maturité précoce. Dans le Midi il faut prendre les variétés de maturité moyenne.

Mais le principe essentiel est de ne choisir que les cépages que l'expérience a consacrés comme convenant à la contrée où se fait la plantation.

Depuis quelques années, on fait une campagne ardente en faveur des Hybrides producteurs directs, les H. P. D.

Ces cépages ont été obtenus par l'hybridation des plants français et des plants américains par des hybrideurs éminents dont je ne saurais trop louer la science, la patiente observation et le travail persévérant. Les premiers H. P. D. présentaient une résistance très grande au phylloxéra, ils étaient peu ou pas sensibles aux maladies cryptogamiques. Mais, il faut bien l'avouer, leur vin n'était pas bon ; la plupart de ces cépages produisaient un vin foxé, ce qui devait les faire rejeter, ou, du moins, ne les faire admettre que pour la production du vin destiné à la consommation familiale dans les pays de polyculture. Dans ces pays, les agriculteurs,

pressés par divers travaux, moisson, fenaison, etc...,
sont obligés de négliger leurs vignes aux moments
critiques et, grâce aux H. P. D., ils pouvaient, malgré
tout, avoir une vendange. Les hybrideurs ont continué
leurs recherches et leur travail acharné, et, ils ont pu
nous présenter des numéros donnant des vins neutres
et même bons (surtout dans les plants blancs). Mais,
hélas, la qualité du vin paraît avoir été obtenue aux
dépens de la résistance au phylloxéra et aux maladies
cryptogamiques. On admet, à présent, que les nouveaux
hybrides doivent être greffés et que la plupart ont
besoin de 2 ou 3 sulfatages pour être protégés contre
les maladies cryptogamiques. Si dans certains pays de
polyculture ou sous des climats très humides les hybrides peuvent rendre des services ; dans les contrées qui
produisent des vins de grands crus, ou dans celles où
la vigne est cultivée presque exclusivement, comme dans
le Midi viticole, il me paraît encore imprudent de con-
seiller le remplacement par les H. P. D. de nos vieux
plants indigènes qui, depuis des siècles font la gloire et
la prospérité du vignoble français.

### Composition du raisin

Le raisin se compose de deux parties.

**1º La Rafle. — 2º Le grain de raisin.**

**Rafle.** — Charpente et support de la grappe, la
rafle est formée par le pédoncule et ses ramifications
terminées par des pédicelles ou pinceaux. Elle est le
canal d'amenée des produits de réserve et de nutrition
du grain. Elle représente 3 à 7 % du poids de la grappe
totale. Mise à fermenter dans la cuve, les échanges se
produisent entre le moût et le liquide de ses tissus. Si
on l'élimine par l'égrappage, on obtient des produits
de composition et de saveur différentes. *(Nous étudie-
rons plus tard les avantages et les inconvénients de l'é-
grappage.)*

**Composition chimique de la grappe.** — Les substances qu'elle renferme sont celles que l'on trouve dans le grain dont elle est le canal d'alimentation. On constate la présence de : matières sucrées *(glucose)*, d'acides *(abondants)*, acide tartrique et bitrartrate.

Le tanin abondant dans la rafle verte, diminue et finit par disparaître dans la rafle lignifiée.

*La composition des rafles est variable avec les cépages.*

|  | Cabernet | Gamay | Pinot | Aramon |
|---|---|---|---|---|
| Tanin ............... | 1 1 | 1 3 | 1 9 | 2 5 |
| Matières résineuses .... | 1 6 | 1 4 | 1 4 | 0 9 |
| Tartres ............. | 0 7 | 0 8 | 0 8 | 0 9 |
| Acides libres .......... | 0 5 | 0 9 | 1 2 | 0 3 |
| Matières minérales .... | 0 8 | 1 7 | 2 2 | 2 0 |

Le tanin est accompagné d'une matière résineuse spéciale, le *phlobaphène* ou anhydride du tanin, corps que ce dernier peut solubiliser.

**Grain de raisin.** — Le grain comprend la pulpe, la peau, les pépins.

Voici les proportions moyennes de chacune de ces parties.

*Cépages rouges*

|  | Aramon | Gamay | Pinot | Cabernet |
|---|---|---|---|---|
| Pulpe ............... | 88 81 | 90 54 | 88 51 | 87 42 |
| Peaux ............... | 9 45 | 7 08 | 6 61 | 8 72 |
| Pépins .............. | 1 74 | 2 38 | 4 88 | 3 86 |
|  | 100 00 | 100 00 | 100 00 | 100 00 |

*Cépages blancs*

|  | Chenin blanc | Folle blanche | Chardonnay |
|---|---|---|---|
| Pulpe ............... | 87 95 | 87 22 | 87 25 |
| Peaux ............... | 9 14 | 9 92 | 8 93 |
| Pépins ............. | 2 91 | 2 86 | 3 82 |
|  | 100 00 | 100 00 | 100 00 |

le poids des grains moyens est de 1 gramme à 1 gramme 5 les grains de petite taille *(pinot)* pèsent de 0 gr. 70 à 0 gr., 80. Le grain d'Aramon pèse 4 grammes.

**Pulpe**. — De consistance très variable, croquante et ferme, ou molle et juteuse, la pulpe est constituée par de grandes cellules allongées soutenues par un réseau de cloisons fibreuses vasculaires. Ces fibres vasculaires amènent les éléments de nutrition et de réserve. La pulpe représente 85 à 90 % du poids total du grain. Le tissu fibrineux a un poids presque nul, qui ne dépasse guère le 8 % du poids de la pulpe entière. Celleci est donc composée presque exclusivement de moût.

**Composition du moût**. — Le moût est un liquide sirupeux de densité supérieure à l'eau. Cette densité varie de 1060 à 1120 et est fonction de la richesse saccharine du moût. Cette densité se mesure au moyen du densimètre ou pèse-moût, qui donne approximativement le poids alcoolique qu'aura le vin.

Les principaux éléments du moût sont :

L'eau 75 % ; le sucre fermentiscible ; le bitartrate de potasse ; les acides *(tartique libre, malique, etc...)*; les matières azotées ; les matières minérales.

**Sucre**. — Le sucre du raisin est formé par des quantités à peu près égales de glucose et de levulose.

Quand le raisin est vert ou peu mûr, le sucre se trouve au centre du grain. A la maturité le sucre émigre du centre à la périphérie. Dans le raisin mûr, le moût le plus rapproché de la pellicule est le plus riche en sucre. Quand il se passerille, tout le sucre est sous la pellicule.

**Teneur en sucre**. — Les cépages à grand rendement contiennent de 120 à 150 grammes de sucre par litre de moût.

Les cépages fins destinés à faire les grands vins rouges ou les vins blancs secs ont de 180 à 250 grammes de sucre.

Les cépages qui doivent donner des vins naturellement liquoreux atteignent, sous l'effet de la pourriture noble ou par passerillage *(sur souche ou sur claies)* 250, 300 et 350 *grammes de sucre par litre.*

**Variation de la teneur en sucre.** — Le même cépage donne des richesses en sucre extrêmement variables avec le climat, le sol, l'exposition. Et, ces conditions restant les mêmes, suivant la température de l'année, le plus ou moins de pluie.

La richesse saccharine du moût subit, pendant la vie du fruit, des variations considérables.

De la nouaison à la véraison, le grain s'organise, grossit sans acquérir du sucre. A la véraison commence la maturation, pendant laquelle la richesse en sucre de la pulpe croît avec une grande rapidité, et peut passer de 10 grammes à 200 grammes en un mois. Cet accroissement est beaucoup plus intense à la fin de la maturation qu'au début. Dans la semaine précédant les vendanges, le moût peut gagner 5 à 10 grammes de sucre par jour.

**Action des pluies.** — Les pluies, quelques jours avant la maturité, peuvent augmenter de 20 à 30 % le poids de la récolte. Mais les liquides envoyés dans le fruit contiennent moins de sucre. Il est vrai que l'humidité du sol permettant à la plante de fabriquer beaucoup de sucre, le moût s'enrichit à nouveau, si la pluie ne continue pas.

**Acides du moût.** — A la véraison, le moût est extrêmement acide et cette acidité atteint souvent 30 grammes exprimée en acide tartrique[1]. Cette acidité diminue progressivement jusqu'à la maturité.

---

1. Pour évaluer l'acidité totale, on la compare à un acide connu, *l'acide sulfurique* ou *l'acide tartrique.* Généralement on exprime l'acidité des vins en acide sulfurique et celle des moûts en acide tartrique. D'ailleurs pour passer de l'une de ces acidités à l'autre, il suffit de se rappeler que 1 gramme d'acide sulfurique équivaut à 1 gr. 53 d'acide tartrique. Par suite, pour avoir l'acidité en acide tartrique, on multiplie l'acidité en acide sulfurique par 1, 53. Inversement, pour avoir

Quatre corps donnent la saveur acide :

*Le bitartrate de potasse, l'acide tartrique libre, l'acide malique et certains acides* mal déterminés.

On a reconnu : 1° que le poids du bitartrate de potasse augmentait régulièrement jusqu'à la fin de la maturité ; 2° que le poids de l'acide tartrique libre diminue proportionnellement et finit même par disparaître ; 3° que le poids de l'acide malique diminue de même dans une grande proportion ; 4° que le poids des autres acides diminue également, mais dans des proportions moindres.

L'hypothèse admise, pour expliquer cette disparition progressive de l'acidité tartrique libre, est que, par suite d'une arrivée incessante de sel à base de potasse, il est saturé par cet alcali et vient ainsi renforcer le poids de bitartrate de potasse. Cette hypothèse est très plausible, car les poids de l'acide tartrique libre et de l'acide tartrique combiné avec la potasse forment un total invariable.

Dans les raisins arrivés à maturité, l'acidité totale varie entre 5 et 15 grammes (exprimée en acide tartrique). Les acides donnent de la fraîcheur au moût et ensuite au vin. A 5 grammes par litre, le moût ou le vin sont plats, ils sont durs et acides s'ils contiennent plus de 10 grammes. La matière colorante se dissout et conserve sa couleur rouge d'autant plus que le vin est acide.

**Le tanin.** — Le tanin existe dans le moût des raisins à l'état de traces.

**Matières azotées.** — La pulpe renferme des matières azotées. Elles servent pendant la fermentation

---

l'acidité en acide sulfurique on multiplie l'acidité tartrique par

$$\frac{1}{1.53} = 0,65 \text{ d'où les formules}$$

acidité sulfurique × 1,53 = acidité tartrique,
acidité tartrique × 0,65 = acidité sulfurique.

à nourrir les levures : mais, si elles existent en trop grande abondance, elles constituent un danger pour la bonne conservation du vin, car elles sont facilement altérées par les ferments de maladie. Le tanin des rafles, pellicules et pépins les précipitent en partie.

**Matières minérales.** — Ce sont des phosphates, des chlorures et des sulfates. Les phosphates sont les aliments principaux de la levure.

Les chlorures sont surtout abondants dans les vins récoltés dans les terrains salés ou dans le voisinage de la mer.

**Peau ou Pellicule.** — La peau apporte à la vinification des matériaux importants.

Elle est formée par plusieurs rangs de cellules aplaties, recouvertes extérieurement d'une poudre grise *(fleur du raisin)*.

Ce sont les cellules profondes qui contiennent la matière colorante ; les derniers rangs, en contact avec la pulpe, contiennent les matières odorantes qui donnent le bouquet du cépage.

La peau contient de l'acide tartrique, de l'acide malique, de la crème de tartre et du tanin en assez grande proportion, surtout dans les raisins noirs.

*Raisin noir* (Gamay)

Tanin...................... 1 37

*Raisin blanc* (Chardonnay)

Tanin ..................... 0 15

**Pépins.** — Le nombre normal est 4, mais il est souvent de 3, 2, 1 et même 0, comme dans le raisin de Corinthe. Le pépin est constitué par un albumen huileux, enfermé dans une couche dure de cellules allongées ; l'enveloppe épidermique est constituée par des cellules aplaties, remplies de tanin.

Nous pouvons prendre comme exemple le pépin de Gamay dont la composition est :

| Eau | 32 | 14 |
| Huile | 7 | 39 |
| Acides volatils | 0 | 72 |
| Tanin | 6 | 87 |
| Matières résineuses (anhydride du tanin) | 5 | 17 |
| Ligneux et non dosé | 45 | 99 |
| Matières minérales | 1 | 72 |
| | 100 | 00 |

Parmi ces corps l'huile, les acides volatils, le tanin et ses matières résineuses nous intéressent plus particulièrement. L'huile, peu soluble dans le moût et dans le vin, n'est mise en liberté que par le broyage des pépins, il faut se garder de le faire, car cette huile a un goût très âcre.

Le tanin et son anhydride *le phlobaphène*, sont abondants dans le pépin (10 %), la teneur en tanin augmente durant toute la maturation ; les cépages rouges sont ceux qui donnent le plus de tanin.

### Soins à donner aux vaisseaux vinaires

Nous connaissons maintenant la nature du produit que nous allons transformer en vin. En supposant que nous nous trouvions dans les circonstances les plus favorables, c'est-à-dire que la vendange soit exempte de toute tare (pourriture ou autre) ; que, pendant la cueillette, le temps soit propice, sec et suffisamment chaud pour favoriser la fermentation, nous devrions obtenir un vin parfait. Il ne le sera, même dans ce cas, que si nous ne nous servons que d'ustensiles rigoureusement propres.

Certaines maladies du vin peuvent bien provenir de la mauvaise constitution des moûts, par suite de diverses causes, et nous verrons plus tard les moyens de remédier à ces imperfections, mais beaucoup d'altérations des vins sont dues à l'ignorance ou à la négligence de l'homme et surtout au manque de propreté. *Il est donc d'une nécessité absolue que tout objet, qui devra être mis en contact avec le raisin, le moût ou le vin, soit d'une propreté rigoureuse et ait même reçu des soins antiseptiques.*

## Nettoyage des divers ustensiles en général

Certains appareils ou ustensiles, tels que paniers ou seaux, comportes, pressoirs, pompes et tuyaux, que l'on n'utilise que temporairement, servent souvent de réceptacles à des mauvais germes, des poussières, des moisissures qui s'introduisent dans les moûts.

Dès que les vendanges sont terminées, on doit laver tous ces ustensiles avec de l'eau bouillante contenant un peu de cristaux de soude, on brosse vigoureusement et on rince, à grande eau. On laisse sécher au soleil, les parties métalliques sont graissées, et on met ces ustensiles dans un local à l'abri de l'humidité et des poussières.

Quelques jours avant le commencement des vendanges on gratte et on brosse à sec tous les ustensiles et appareils. On les lave ensuite à l'eau bouillante contenant un peu de cristaux de soude, et on rince à grande eau. Si on constate quelque moisissure, on rince à l'eau bisulfitée (*eau* 1 *litre plus bisulfite de chaux,* 100 *grammes*).

## Récipients destinés à contenir le moût et le vin pendant et après la fermentation

Ces récipients sont de deux sortes :

1º Les cuves et tonneaux en bois ;

2º Les cuves en pierres, en briques ou en sidérociment.

Pour les cuves en bois, il est mieux de rejeter tous les bois sauf celui de chêne. Car tous les autres peuvent communiquer des goûts spéciaux aux vins.

Pour les soins à donner il faut distinguer entre :

1º Les récipients neufs ;

2º Les récipients ayant déjà servi.

## Soins à donner aux récipients neufs

Avant de se servir d'un récipient neuf, on doit *l'af-franchir*, c'est-à-dire lui faire subir un traitement qui l'empêche de modifier le goût du liquide qu'il contiendra par la suite.

### I. — Tonneaux en bois

1º On lave abondamment avec l'eau salée bouillante *(500 grammes de sel marin pour 20 litres d'eau)*, on rince fréquemment avec de l'eau ordinaire.

2º On met dans le tonneau une certaine quantité de chaux en pierre que l'on éteint avec de l'eau ; agiter souvent si c'est un petit fût ou badigeonner si c'est un grand foudre : rincer ensuite plusieurs fois avec de l'eau pure.

3º *Vapeur d'eau.* On peut aussi, à l'aide d'étuveuses, envoyer de la vapeur d'eau jusqu'à ce que l'eau de condensation n'ait plus aucune odeur à la sortie.

### II. — Cuves en maçonnerie ou en ciment

Les acides du vin attaquent les parois de ces cuves et le vin prend un goût de pierre de chaux.

On rend les parois inattaquables par la *silicatisation* ou par *l'acidification.*

*A. Silicatisation.* — Elle se fait en badigeonnant d'abord les parois internes avec une solution d'acide sulfurique à 10 % et, ensuite, en faisant suivre ce badigeonnage d'une véritable peinture au silicate de potasse *(solution à 25 ou 30 %).*

*B. Acidification.* — On lave d'abord les parois à l'eau pure pour les durcir. On les badigeonne ensuite avec une solution d'acide tartrique à 25 %, à deux reprises ; on laisse ensuite séjourner de l'eau dans la cuve pendant plusieurs jours.

## Soins à donner aux récipients en service

**Tonneaux en bois.** — Lorsqu'on vide un tonneau, dès que le vin est écoulé, on fait sortir la lie, on brosse et on sèche aussi bien que possible ; on ferme ensuite le tonneau après y avoir introduit un récipient contenant du soufre que l'on allume. *Il faut environ 4 grammes de soufre par hectolitre de contenance.*

Cette opération doit être renouvelée chaque mois, tant que le foudre n'est pas utilisé.

**Cuves en ciment.** — Une fois le vin écoulé et la cuve nettoyée et lavée à grande eau, on la laisse sécher et on la ferme. Il n'est pas mauvais d'y faire alors brûler du soufre comme pour les tonneaux en bois. Une seule opération suffit.

---

# DEUXIÈME LEÇON

---

## Vendange et vinification

**Maturité du raisin.** — La maturité du raisin dépend de la région, du cépage, de l'exposition, des conditions climatériques, etc... mais voici la règle générale :

« *Le raisin est mûr lorsque la quantité de sucre qu'il contient cesse d'augmenter, devient stationnaire. A la maturité, en même temps que la quantité de sucre reste à peu près constante, l'acidité cesse de diminuer, ou baisse lentement, en proportion très faible.* »

Le sucre et l'acide sont les deux éléments qui influent le plus sur la qualité du moût. C'est le sucre qui, sous l'action des micro-organismes appelés levures, se transforme en alcool, élément essentiel du vin.

Quant aux acides, ils assurent la bonne fermentation du moût et ils facilitent la conservation du vin. Toute la difficulté, pour le viticulteur, est d'obtenir un moût dans lequel le sucre et l'acide soient en parfaite harmonie et en quantité suffisante.

Le plus souvent le viticulteur se rend compte de la maturité du raisin à l'aspect de la grappe, à la couleur des grains, à la facilité avec laquelle le pédicelle se détache en laissant un pinceau coloré, au goût, etc..., mais ces observations n'ont pas la sûreté ni la précision des méthodes scientifiques, et pour connaître la maturité il vaut mieux déterminer le sucre et l'acidité du moût.

Pour doser le sucre on peut employer deux méthodes :

1º *La méthode chimique*, basée sur la décoloration par la glucose, de la liqueur cupro-potassique de Fehling, méthode assez rigoureuse, mais qui demande une certaine habitude opératoire.

2º *La méthode des aréomètres*, basée sur la densité des liquides, moins rigoureuse, mais plus facile, plus rapide et donnant une approximation suffisante dans la pratique. L'aréomètre qui donne les résultats les plus certains est le *mustimètre Salleron ou densimètre*. Les densimètres sont des aréomètres à poids constant imaginés par Gay-Lussac et qui sont gradués de manière à indiquer immédiatement la densité des liquides dans lesquels on les plonge.

Le mustimètre Salleron porte la graduation centésimale de Gay-Lussac, il indique le poids en grammes d'un litre du liquide dans lequel il est plongé.

La division 1.000, placée au milieu de l'échelle, représente le poids d'un litre d'eau distillée à 15º (1.000 grammes), les divisions au-dessous mesurent les densités inférieures, et celles au-dessus mesurent les densités supérieures. Des tables de correction permettent d'avoir la teneur en sucre exacte du moût et le degré alcoolique du vin qu'il produira.

*Dosage de l'acidité.* — Pour ce dosage, nous avons de même deux moyens à notre disposition :

1º *Le procédé Bernard.* — On fait agir le moût sur le bicarbonate de soude. Les acides du moût chassent l'acide carbonique du bicarbonate. Il se dégage d'autant plus d'acide carbonique que le moût est plus acide. En mesurant le volume gazeux dégagé par un volume déterminé de moût, on en déduit l'acidité.

Ce procédé intéressant et exact, est plutôt un procédé de laboratoire. Dans une exploitation viticole il est plus simple d'avoir recours au

2º *Procédé des liqueurs titrées.* — Le principe est le suivant : on prend un certain volume du liquide à examiner, on verse ensuite une solution alcaline titrée dont un volume déterminé correspond à un poids déterminé d'acide. La neutralité est rendue facilement saisissable par l'emploi de matières colorantes qu'on nomme, en chimie, *indicateurs*, et qui possèdent la propriété d'être de couleur différente s'ils sont dans un milieu acide ou dans un milieu alcalin. La matière colorante naturelle du raisin est elle-même un bon indicateur : rouge en solution acide, elle devient verte en solution alcaline.

Il existe plusieurs appareils pour faire cette recherche. Le plus simple, qui est suffisamment exact, est le *tube acidémétrique Dujardin*. Il consiste en un tube fermé à la partie inférieure et portant une graduation dans la partie médiane. Le premier trait, à partir du bas, limite le volume du vin à employer, ceux qui le surmontent servent à mesurer la quantité de liqueur alcaline qu'il faudra verser sur le vin pour obtenir la réaction qui indique la fin de l'opération. On verse la liqueur alcaline par petites quantités, on agite le mélange, et l'on s'arrête lorsqu'apparaît la teinte verte. On n'a plus qu'à lire la graduation. La richesse en acidité, évaluée en acide tartrique et par litre, est donnée par le chiffre en face duquel se trouve le niveau du liquide.

Si l'on opère sur des moûts incolores ou des vins blancs on ajoute au commencement de l'opération deux gouttes de *Phénol-Phtaléine* qui sert d'indicateur. L'opération sera terminée lorsque le mélange prendra une coloration rose persistante.

## Vendange

La vendange proprement dite est l'opération qui consiste à récolter le raisin lorsque la maturité est atteinte, elle comprend deux opérations.

La cueillette et le transport au cellier.

*Cueillette.* — Les raisins sont coupés avec la serpette ou mieux avec des ciseaux ou des sécateurs spéciaux. Les vendangeurs placent les grappes cueillies dans des paniers ou des seaux en bois ou en métal. Ces paniers sont vidés dans des comportes ou cuviers que l'on charge sur des charrettes pour les transporter au cellier.

Arrivé au cellier, le raisin est foulé.

1º *Foulage à pieds nus.* — Ce procédé consiste à piétiner les raisins soit dans une maie en bois, soit sur le pressoir, soit encore dans la cuve.

2º *Foulage mécanique.* — Il existe un grand nombre de modèles différents de fouloirs. Les plus répandus se composent de deux cylindres en fonte, portant des rayures parallèles et hélicoïdales, entre lesquels passent les raisins tombant d'une trémie située au-dessus. L'un des cylindres est monté sur glissières avec ressort, afin de permettre aux corps durs, introduits avec les raisins, de passer sans causer la rupture de l'appareil. Au fouloir peut être ajouté un égrappoir. Du fouloir le raisin passe dans la cuve. La cuve doit être remplie dans la même journée et au 4/5 de sa hauteur ; par conséquent il faut avoir des cuves qui correspondent à la quantité de raisin enfermée dans la journée. C'est pendant le chargement de la cuve que l'on doit, s'il y a lieu, pratiquer le levurage et l'amélioration chimique du moût.

**Le Cuvage.** — La fermentation du jus de raisin se déclare au bout d'un temps plus ou moins long. Sous l'action des levures, le sucre de raisin *(glucose)* se transforme en alcool, acide carbonique et autres produits. *L'acide carbonique* se dégage tumultueusement en soulevant la rafle et les pellicules à la surface du liquide sous forme de chapeau.

Après quelques jours, la fermentation diminue peu à peu, le bouillonnement cesse ; le chapeau, n'étant plus soutenu par le dégagement d'acide carbonique, s'enfonce dans le vin, le cuvage est terminé.

Si nous étudions d'une manière plus détaillée ce qui se passe pendant l'opération du cuvage, nous constaterons les phénomènes suivants :

1º Le chapeau placé à la partie supérieure du moût, en contact avec l'air est le siège d'une fermentation très active. Sa température devient plus élevée *(5 ou 6 degrés de plus que dans le fond de la cuve)* : l'alcool produit et les levures entraînées par la rafle s'y accumulent.

Les oxydations trop actives et la température trop élevée peuvent nuire aux bonnes levures, amener le développement des mauvais ferments et en particulier du « *Mycoderma Aceti* » qui transforme l'alcool en acide acétique *(vinaigre)*.

2º Le sucre non transformé tombe au fond de la cuve où le défaut d'oxygène rend bientôt paresseuses le peu de levures qui n'ont pas été entraînées à la partie supérieure du moût par les rafles et les pellicules : la fermentation peut devenir *incomplète*. Pour obvier à cet inconvénient existent plusieurs moyens qui diffèrent suivant le mode de cuvage adopté.

Ces modes sont au nombre de quatre :

1º *Cuvage en cuve ouverte et à chapeau flottant* ;
2º *Cuvage en cuve ouverte et à chapeau submergé* ;
3º *Cuvage en cuve fermée et à chapeau flottant* ;
4º *Cuvage en cuve fermée et à chapeau submergé.*

## I. — Cuvage en cuve ouverte et à chapeau flottant

Il consiste à faire fermenter le moût avec les rafles et pellicules dans une cuve, sans aucun dispositif pour empêcher le chapeau de remonter à la surface. C'est le premier système qui ait été employé. Il l'est encore dans beaucoup de petits vignobles.

Pour faire disparaître les inconvénients que présente le chapeau flottant, on pratique le foulage : on refoule de temps en temps le chapeau dans le moût et l'on brasse le mélange de façon à obtenir une égale fermentation dans toute la masse. L'air entraîné avec le chapeau aère le moût. Pour éviter l'altération du chapeau, si la température extérieure est élevée, il est utile de pratiquer *trois* foulages par jour *(le matin, à midi et le soir)*. Si la température extérieure est modérée *deux* foulages suffisent. Ces foulages journaliers sont pénibles et nécessitent beaucoup de main-d'œuvre, aussi a-t-on imaginé d'immerger le chapeau dans le moût.

## II. — Cuvage en cuve ouverte et à chapeau submergé

Dans ce système, lorsque le chargement de la cuve est terminé, on dispose au-dessus de la vendange une claie en bois, ou un filet en corde, ou encore une toile métallique étamée, à mailles très larges, fixée aux parois de la cuve. Le marc étant retenu, le moût passe par les interstices et surnage au-dessus de la claie sur une épaisseur de 6 à 10 centimètres.

## III. — Cuvage en cuve fermée et à chapeau flottant

Afin de remédier à l'inconvénient de l'exposition du chapeau à l'air, on eut l'idée de fermer la cuve.

Si on ferme la cuve en mettant simplement un couvercle, l'acide carbonique a une issue suffisante par les joints non étanches de ce couvercle, et lorsque le dégagement d'acide carbonique cesse ou même diminue, l'air peut pénétrer dans la cuve. On évite cet inconvévient en obturant avec du plâtre toutes les fissures et tous les joints du couvercle. On ne laisse qu'une petite ouverture munie d'une bonde spéciale qui permet à l'acide carbonique de s'échapper tout en s'opposant à la rentrée de l'air extérieur.

### IV. — Cuvage en cuve fermée et à chapeau submergé

Le cuvage en cuve fermée et à chapeau submergé serait, d'après certains œnologues, le meilleur système. L'épuisement du marc se fait mieux, la température du moût est plus uniforme et la fermentation est plus régulière. Dans la pratique, lorsque la cuve est chargée, on opère comme dans le cas II. On met ensuite le couvercle que l'on lute avec du plâtre comme dans le cas III.

### Comparaison des différents systèmes de cuvage

Le cuvage à cuve ouverte et à chapeau flottant ne présente des inconvénients sérieux que lorsqu'on n'effectue pas ou que l'on effectue insuffisamment les foulages, surtout dans les pays chauds. Dans les climats tempérés, comme en Bourgogne, ce système offre de sérieux avantages, principalement pour les vins fins.

On fait, il est vrai, une légère perte de couleur[1], mais les phénomènes d'éthérisation dans le chapeau *(véritable éponge imbibée d'alcool et d'acides)* sont plus intenses surtout à la fin de la cuvaison. Le vin prend un bouquet plus prononcé, il s'affine davantage.

Le cuvage à chapeau submergé présente le grand avantage d'éviter beaucoup de main-d'œuvre. De plus il empêche le chapeau de s'aigrir. La couleur est un peu

---

1. Une partie de la matière colorante s'oxyde au contact de l'air et devient insoluble. De plus la pellicule n'étant pas au contact du moût les phénomènes de diffusion ne s'effectuent pas et la matière colorante ne passe pas dans le liquide.

plus foncée, mais le bouquet est un peu moins développé, il s'affine moins. En définitive, chaque méthode a ses avantages et ses inconvénients : c'est au viticulteur de choisir celle qui convient le mieux aux circonstances dans lesquelles il se trouve placé.

**Durée de la cuvaison.** — En principe, le décuvage doit être pratiqué lorsque tout le sucre est transformé en alcool, ce que l'on reconnaît lorsque le mustimètre Salleron, plongé dans le moût, marque la graduation 1000. Tous les viticulteurs qui veulent faire une vinification rationnelle, cherchent à obtenir des fermentations très rapides pour raccourcir, autant que possible, la durée de la cuvaison, *(la rapidité de la fermentation est utile pour les vins communs et indispensable lorsque la vendange est avariée).*

Le décuvage du vin doit se faire à l'air.

Le vin obtenu par décuvage s'appelle vin *de goutte.* Le marc contient encore du vin, que l'on peut évaluer à 10 ou 20 % du vin de goutte.

Ce vin est extrait par pressurage à l'aide de pressoirs et prend le nom de vin de *presse.*

### Doit-on mélanger le vin de presse au vin de goutte ?

*Dans les grands crus,* le vin de presse est vendu à part.

*Dans les bons crus,* on mélange une certaine partie du vin de première presse avec le vin de goutte pour enrichir celui-ci en tanin.

*Les vins de deuxième et troisième presse* ne sont jamais mélangés.

*Pour les vins communs,* le mélange n'a aucun inconvénient.

# TROISIÈME LEÇON

## Levures et fermentation. Correction des moûts
## Les différentes levures

Lorsque le raisin est foulé et mis en cuve, il se produit, sous l'influence d'une température convenable, un dégagement de bulles gazeuses qui viennent crever à la surface du moût. On constate comme une sorte d'ébullition dans toute la masse liquide, on dit que le moût fermente.

On a cru longtemps que cette fermentation était due à la transformation *spontanée* de la matière organique.

Nous savons, maintenant, grâce aux admirables travaux de Pasteur, que la fermentation est due à des êtres vivants microscopiques qu'on appelle *ferments ou levures.*

Ces levures sont des êtres vivants extrêmement petits *(le diamètre réel est de 8 à 10 millièmes de millimètre)* qui se présentent sous la forme de cellules de formes variables ovales, rondes ou elliptiques. Ces cellules sont constituées par une faible membrane à l'intérieur de laquelle se trouve une matière granuleuse demi-fluide appelée *protoplasma.*

### Comment les levures se reproduisent-elles ?

Lorsqu'on place une de ces levures dans un liquide sucré (solution de glucose, par exemple), on voit apparaître à un point de sa surface *un mamelon.* Ce renflement grossit et finit par atteindre la grosseur de la levure qui lui a donné naissance, c'est *une nouvelle levure* capable, à son tour, de se reproduire *par bourgeon-*

*nement.* Généralement, les nouvelles levures se détachent des cellules mères. Il arrive, cependant, dans certaines races de levures, que les jeunes cellules restent attachées quelque temps à la cellule mère et apparaissent sous la forme de globules réunis en chapelet.

Lorsque la levure est placée dans un milieu qui ne la nourrit pas, son protoplasma se partage en deux, trois ou quatre masses sphériques qui se revêtent d'une membrane assez résistante et constituent des corps reproducteurs latents appelés *spores*. Ces spores mises en liberté, lorsqu'elles se trouvent dans des conditions favorables, donnent naissance à des levures.

### Comment les levures se conservent-elles ?

Les levures apparaissent toutes formées sur la peau des raisins quelque temps avant les vendanges. Ce sont elles qui, mêlées à une foule de ferments divers, constituent le duvet gris que l'on remarque sur les grains.

Très abondantes sur toute la souche au moment de la maturité, elles diminuent après les vendanges et finissent par disparaître en novembre et décembre. Elles ne reparaissent que l'année suivante en juillet ou août. Elles hibernent sous la forme de spores, et, l'été venu, grâce aux insectes, au vent, etc..., les levures se répandent dans l'air et vont se fixer sur la vigne.

### Action des levures. — Fermentation alcoolique

*Expérience fondamentale.* — Si nous introduisons une dissolution de glucose *(50 grammes de glucose +* ½ *litre d'eau)* additionnée de quelques grammes de levures dans un flacon en communication avec une éprouvette reposant sur l'eau, et que nous abandonnions le tout dans un milieu dont la température sera au moins de + 20 degrés, nous constaterons bientôt à la surface du liquide une mousse abondante due à l'acide carbonique qui se dégage, le liquide fermente.

Au bout de quelques jours, la dissolution a perdu sa saveur sucrée et a pris une odeur vineuse, elle contient de l'alcool, tandis que l'acide carbonique s'est rassemblé dans l'éprouvette.

*La fermentation alcoolique est donc la transformation en alcool et en acide carbonique, que subissent les dissolutions sucrées sous l'action des levures.*

Si au lieu d'une dissolution de glucose on met dans le flacon du moût de raisin, la même fermentation a lieu : le sucre de raisin se transforme :

1º En acide carbonique, qui se dégage ;

2º En alcool, qui reste dans le liquide, lequel prend alors le nom de vin.

Cette expérience représente en petit ce qui se produit en grand dans la cuve lorsqu'on y jette les raisins après les avoir foulés.

*La fermentation alcoolique du moût est donc la transformation de ce moût en vin, grâce aux levures.*

Si nous comparons le vin et le moût, au point de vue de leur composition, nous trouvons qu'ils contiennent respectivement :

| **Moût** | **Vin** |
|---|---|
| *Eau* | *Eau* |
| *Sucres* | *Alcool* |
| | *Glycérine* |
| *Acides* : acides fixes libres (*tartrique, malique, etc.*) Bitartrate de potasse | *Acides* : Acides fixes libres (*acide tartrique, malique, succinique, tannique, etc.*) Acides volatils[1] (*acides acétique, butyrique, etc.*) Bitartrate de potasse. |
| *Sels minéraux* | *Sels minéraux* |
| *Substances albuminoïdes* | *Substances albuminoïdes* |
| *Huiles essentielles, etc.* | *Huiles essentielles* |
| | *Matières colorantes, etc.* |

1. Les acides fixes sont ceux qui restent dans le résidu de la distillation lorsqu'on distille du vin, en un mot ceux qui ne distillent pas.

Les acides volatils sont ceux qui distillent avec l'alcool lorsqu'on soumet le vin à la distillation.

Nous retrouvons dans le vin à peu près tous les éléments qui se trouvaient dans le moût, sauf le sucre qui a été transformé en alcool, en glycérine et en acide succinique. Cette glycérine a une saveur sucrée et donne du moelleux au vin. L'alcool produit n'est pas seulement de l'alcool ordinaire *(alcool éthylique)*.

On trouve aussi des traces d'alcool propylique, butylique, amylique, etc… ; les acides du vin se combinent avec ces différents alcools pour former des éthers qui donnent le bouquet au vin.

## Les différentes levures

Les races de levures sont nombreuses, les unes sont bonnes, les autres médiocres ou même nuisibles.

Nous ne nous occuperons que des premières pour le moment.

Les principales espèces de levures sont :

1º *La levure apiculée ;*

2º *La levure elliptique ;*

3º *La levure de Pasteur.*

**I. — Levure apiculée.** — On l'appelle ainsi parce qu'elle est terminée par deux pointes. On la trouve sur tous les fruits sucrés. Elle existe au commencement de la fermentation. Elle préfère les moûts acides et ne se plaît pas dans les moûts trop sucrés. Quand la fermentation est bien développée, elle fait place à la levure elliptique.

**II. — Levure elliptique.** — Elle doit son nom à sa forme ellipsoïde ; elle est l'agent principal de la fermentation vinique. — Elle produit une plus grande quantité d'alcool que la levure apiculée, pour la même quantité de sucre. Elle se développe de préférence à la température de 22 à 30 degrés, et elle n'entre réellement en fonction que lorsque la fermentation a été mise en train par la levure apiculée. Elle domine dans le vin à la fin de la fermentation tumultueuse, durant toute la fermentation secondaire.

**III.** — **Levure de Pasteur.** — Elle présente l'aspect de bâtonnets irréguliers, soudés les uns aux autres, et forment de véritables ramifications. Elle a une action lente et agit immédiatement après la levure apiculée car elle ne supporte pas les doses d'alcool produites par les levures elliptiques.

**Nourriture des levures.** — Les levures, comme tous les êtres vivants, respirent et assimilent. Elles ont besoin de trois sortes d'aliments :

1º *Des aliments minéraux*, qui sont des phosphates, des sels de potasse, de magnésie et de chaux ;

2º *Des matières azotées*, qui sont des sels ammoniacaux et des matières albuminoïdes ;

3º *Des matières hydrocarbonées*, du sucre.

Ces différents aliments se trouvent en général en quantité suffisante dans les moûts. Mais si l'un de ces éléments est en trop petite quantité, il faut en faire des apports au moût.

**Action de l'air sur les levures.** — **Première expérience.** — On met des levures dans un liquide sucré disposé sur le fond d'une cuvette et n'ayant que 2 ou 3 millimètres d'épaisseur, de manière à ce que les levures soient bien au contact de l'air. On constate que *le développement des levures est très rapide et leur multiplication très active.* On obtient ainsi *beaucoup* de levures et *très peu* d'alcool : 1 gramme de levures dans 100 grammes de sucre produit 25 grammes de levure et tout le sucre est détruit.

**Deuxième expérience.** — On met dans un ballon un liquide sucré et des levures, on fait ensuite passer un courant d'acide carbonique pour enlever l'air. On constate que le développement et la multiplication des levures sont moins grands. On obtient *très peu* de levures et *beaucoup d'alcool.*

100 grammes de sucre additionnés de 1 gramme de levures ne produisent plus que 1 gramme de levures,

tandis qu'ils donnent à peu près des poids égaux d'alcool et d'acide carbonique *(40 à 42 grammes de chacun de ces corps).*

Les levures peuvent donc vivre au contact de l'air *(vie aérobie)* ou à l'abri de l'air *(vie anaérobie)*. Il ne faudrait pas en conclure que les levures puissent se passer d'oxygène, mais lorsqu'elles n'ont plus d'air, elles empruntent l'oxygène dont elles ont besoin au sucre, corps très riche en oxygène et la réaction donne de l'alcool.

**Conclusion pratique.** — Il résulte de ces deux expériences, que *lorsqu'on veut multiplier les levures*, il faut adopter la *vie aérobie* (au contact de l'air) et, *lorsqu'on veut faire de l'alcool*, il faut adopter la *vie anaérobie* (à l'abri de l'air).

En conséquence, pour obtenir une bonne fermentation et un vin riche en alcool, il faudra aérer le moût au début de la fermentation, et, lorsque les levures se seront multipliées et que la fermentation sera bien partie, on cessera cette aération pour forcer les levures multipliées à produire beaucoup d'alcool.

L'aération assez forte que produit le foulage suffit ordinairement mais si la fermentation est paresseuse, il sera, peut-être, bon d'avoir recours à un ou plusieurs remontages du moût. Nous traiterons plus longuement cette question dans la leçon du sulfitage et levurage.

**Action de la température.** — Les levures se développent surtout entre 22 et 30 degrés. Elles supportent *(sous la forme de spores)* des abaissements de température considérables(200 *degrés au-dessous de zéro*). Elles cessent de travailler, mais elles ne sont pas tuées.

Elles sont plus sensibles à la chaleur. A partir de 35°, elles s'alourdissent et travaillent difficilement. Elles sont complètement inactives vers 40° et meurent entre 50 et 60°.

On peut donc déduire de ce qui précède qu'une bonne

fermentation ne se fait bien qu'entre 22 et 30° et principalement vers 25°.

**Action de l'acidité.** — Les levures peuvent vivre dans un milieu neutre ou dans un milieu acide. Il est préférable cependant que la fermentation ait lieu dans un milieu acide, parce que l'acidité, tout en favorisant la levure, nuit considérablement aux ferments de maladie qui ne peuvent prospérer que dans un milieu neutre ou très légèrement acide.

**Action de l'acide sulfureux sur les levures et les ferments de maladie.** — Pour obtenir une bonne vinification, il est nécessaire d'employer l'acide sulfureux. A la dose de 10 à 20 grammes par hectolitre, cet antiseptique opère une véritable sélection parmi es ferments, respectant les meilleures levures *(principalement la levure elliptique, la plus résistante et la plus utile)* et éliminant les bactéries ferments de maladie. Ces bactéries, plus petites que les levures, absorbent plus vite la dose qui doit les annihiler et les faire disparaître. Nous reviendrons longuement sur ce sujet en traitant *le sulfitage et le levurage des moûts.*

**Correction des moûts.** — Les vins doivent généralement leurs défauts et leurs altérations à une mauvaise constitution du moût.

Nous avons vu que les trois éléments principaux des moûts sont :

1° *Le sucre ;*

2° *L'acidité ;*

3° *Le tanin et les matières colorantes.*

Avant de commencer les vendanges, le viticulteur doit se rendre compte de la maturité de ses raisins, ce qu'il peut faire facilement à l'aide du tube Dujardin qui lui donne l'acidité, et du mustimètre Salleron qui lui indique la quantité de sucre. Pendant toute la durée des vendanges, il doit, *tous les jours,* répéter ces observations, à l'aide de ces deux appareils, de manière à toujours connaître la qualité du produit qu'il enferme dans sa cuve.

Deux cas peuvent se présenter :

1º *La vendage n'est pas assez mûre.* — Le moût est trop acide. et pas assez riche en sucre. Par conséquent le vin obtenu sera trop acide et insuffisamment alcoolique ;

2º *La vendange est trop mûre.* — Le moût ne possède pas assez d'acidité. Le vin obtenu sera plat et de conservation douteuse.

**Premier cas.** — Par suite d'invasion cryptogamique ou d'accidents atmosphériques, la maturité est mauvaise. La vendange manque de sucre. Il faut alors avoir recours au *sucrage ou chaptalisation.*

Dans cette pratique, il faut être très prudent. La loi du 29 juillet 1907 prévoit d'ailleurs et punit toutes les exagérations.

La quantité de sucre permise est de 10 kilos pour 3 hectolitres de vendange ou 2 hectolitres de moût. On compte qu'il faut 1 kilog 700 grammes de sucre pour remonter de 1 degré la teneur en alcool d'un hectolitre de vin.

*Mode d'emploi.* — Le sucre est mis à fondre dans du moût que l'on a fait chauffer, et on verse le mélange dans la cuve au moment où la fermentation est bien partie. Il vaut mieux employer à cet usage du sucre cristallisé. Il est plus cher que les glucoses, mais les glucoses du commerce ne sont jamais pures et contiennent souvent des substances nuisibles.

**Deuxième cas.** — La vendange est trop mûre, Il faut alors ajouter de l'acide tartrique de façon à porter l'acidité du moût à 7 ou 8 grammes d'acidité par litre (acidité exprimée en acide tartrique).

*Tannisage.* — Dans les années pluvieuses ayant amené de la pourriture, la quantité de tanin pourra être insuffisante. On peut alors ajouter au moût du tanin à la dose de 30 à 40 grammes par 100 kilogs de vendange pour le vin rouge et à celle de 50 à 60 grammes pour le vin blanc.

*Mode d'emploi* — On fait dissoudre le tanin dans un peu de vin ou un peu d'eau chaude et on met le mélange dans la cuve.

Il existe dans le commerce plusieurs espèces de tanins :

1º les tanins à l'eau ; 2º les tanins à l'éther ; 3º les tanins à l'alcool. Les derniers *seuls* sont à employer. Les deux premières espèces sont à rejeter impitoyablement.

*Coloration du moût.* — Dans les années pluvieuses la pourriture peut faire disparaître une partie de la pellicule du raisin qui, nous le savons, contient la matière colorante.

La loi défend l'usage de toutes matières colorantes.

On peut augmenter la couleur en chauffant une partie de la vendange (moût et marc). Le cinquième ou le quart suffisent. La matière colorante du raisin est très soluble dans le moût chaud au delà de 50 degrés.

Mais, à mon avis, il est préférable, dans le cas de pourriture de vivifier en blanc les raisins atteints.

# QUATRIÈME LEÇON

**Vinification en rouge. — Vinification rationnelle. — Égrappage. — Pressurage. — Piquettes. — Vins de diffusion.**

La vinification en rouge consiste à faire fermenter le moût au contact des pellicules. Nous savons, en effet, que les matières colorantes du raisin sont contenues dans les cellules profondes de la pellicule. Ces matières, qui donnent la couleur rouge au vin, sont solubles dans l'alcool produit par la fermentation.

Mais la conduite de la fermentation telle que nous l'avons déjà étudiée, demande beaucoup de main-d'œuvre et un matériel de cuverie relativement important. Ce qui est possible dans les petits vignobles et surtout dans les vignobles de grands crus, où le prix du produit permet de ne pas lésiner sur la dépense, deviendrait trop onéreux dans les vignobles à grands rendements de vins communs, où le vin n'atteint pas, ordinairement, un grand prix.

Là il faut opérer vite et, en même temps, bien.

Pour réussir, il est nécessaire d'avoir recours au *sulfitage* et *mieux* au sulfitage suivi d'un *levurage*.

On utilise l'acide sulfureux pour la vinification des vins ordinaires, afin d'obtenir des vins plus colorés, plus rapidement limpides et, *surtout*, ne contenant aucun germe de maladie pouvant les altérer à un moment donné.

**Principe du procédé.** — Il consiste à mettre dans un moût, *avant toute fermentation*, une certaine quantité d'acide sulfureux allant de 7 à 20 grammes par hecto, de façon à produire une véritable sélection favorable aux meilleures levures, en éliminant les bactéries, ferments de maladie.

La sélection des ferments, pour être pratique, doit être faite avant le départ de la fermentation et non pendant la fermentation. La dose annihilant les levures est de 30 grammes par hecto. La dose utile pratique est de 7 à 20 grammes par hecto. En employant cette dose, la fermentation spontanée est toujours réalisée, pour peu que les conditions climatériques s'y prêtent (vendange saine, non lavée par les pluies, température de 22° à 25°). Dans ce cas, la fermentation partira activement avec un retard variant de douze heures à trois jours au plus, suivant la dose d'acide sulfureux employée. Lorsque les circonstances climatériques ne sont pas favorables, lorsque la température est trop basse (au-dessous de 20°), si la vendange est avariée, riche par conséquent en mauvais ferments, si les raisins sont lavés et pauvres en germes de levures, la fermentation spontanée devient aléatoire et il y a intérêt à compléter le sulfitage par un apport de levures actives, c'est-à-dire par un levurage.

De là deux cas sont à considérer dans la pratique :

**Premier cas. — Sulfitage seul.** — Il y a plusieurs manières de sulfiter les moûts, on peut le faire :

I. — A l'aide de *vapeurs* provenant de la combustion du soufre à l'air.

Bien que l'on ait construit des appareils fort ingénieux pour cet emploi, cette méthode n'est pas à recommander, car le dosage de l'anhydride sulfureux mis dans le moût ne pourra jamais être rigoureusement exact.

II. — *L'anhydride sulfureux pur liquéfié.*

Ce moyen de sulfiter est le meilleur en principe, car l'acide sulfureux liquide présenté dans des bouteilles métalliques est absolument pur. Mais pour son emploi il faut avoir recours à des appareils doseurs ou *sulfitomètres* et disposer d'une main-d'œuvre exercée.

III. — De *métabisulfite de potasse* $S^2O^5K^2$ qui permet de doser facilement, car il contient environ 50 % de son poids d'acide sulfureux. Mais en même temps, il apporte au vin une notable proportion de *potasse* dont l'avantage est contestable. Aussi la loi ne permet-elle pas une dose supérieure à 20 grammes de métabisulfite par hecto, ce qui correspond à 10 grammes d'anhydride sulfureux, dose insuffisante lorsque la vendange est avariée.

IV. — *De solutions doubles d'anhydride sulfureux et de phosphate d'ammoniaque.*

Préparées par des maisons de commerce sérieuses, ces solutions constituent, en temps de vendanges, la forme la plus pratique et la plus judicieuse pour l'apport de l'acide sulfureux au moût. De plus la présence de phosphate d'ammoniaque, stimulant énergique des levures, donne de l'activité à la fermentation. Ces solutions contiennent ordinairement 200 grammes d'anhydride sulfureux et 200 grammes de phosphate par litre. Les fabricants en *garantissent la composition sur facture.* Il est donc facile de mesurer la dose nécessaire à chaque foudre[1].

**Manière d'opérer.** — Dès que le foudre est rempli de raisins, on ouvre le robinet, on fait couler du moût dans un cuvier (le plus grand possible) et l'on met dans ce moût la dose d'acide sulfureux nécessaire. A son contact le moût prend une couleur jaunâtre caractéristique dite *teinte bouillon de châtaigne.* On ouvre le robinet du foudre et on remonte le mélange à la pompe

---

1. Cette opinion est discutée. Plusieurs œnologues sont d'avis que l'apport de phosphate d'ammoniaque est, dans la plupart des cas, inutile et peut devenir un danger car l'excès d'ammoniaque peut être utilisé par les mauvais ferments. Je puis seulement dire que j'ai employé depuis six ans les solutions sulfureuses nutritives pour le traitement d'environ 110.000 hectolitres et que je n'ai jamais eu d'accident.

dans le haut du foudre. Lorsque le moût qui coule du robinet, commence à présenter la couleur caractéristique, le mélange est suffisant et l'opération est terminée.

**Action de l'acide sulfureux sur la qualité des vins.** — L'acide sulfureux agit favorablement sur la couleur, sur le goût et la constitution des vins. La décoloration des vins par l'acide sulfureux n'est qu'apparente. La couleur réapparaît dès que l'acide sulfureux cesse son action. Au contraire, par sa présence, l'acide sulfureux empêche la matière colorante de s'oxyder et de devenir insoluble, par conséquent il conserve la matière colorante.

Il agit aussi favorablement sur le goût des vins communs et surtout de ceux provenant de vendanges avariées. On constate aussi que son emploi procure une augmentation de l'extrait sec et de l'acidité.

*En résumé*, les vins provenant de vendanges sulfitées présentent les caractères suivants :

Dépouillement rapide, brillant, franchise et parfois finesse de goût, coloration plus vive, plus stable, meilleure constitution, et *surtout* une stabilité remarquable au point de vue des altérations ultérieures.

*Au point de vue hygiénique*, l'acide sulfureux mis à la cuve n'est pas à redouter.

Lorsque l'acide sulfureux est introduit dans un vin *fait*, soit par méchage des fûts, soit parce qu'on a voulu remédier à la *casse*, une partie de cet acide reste à l'état *libre*.

C'est elle qui agit sur nos muqueuses et nous indispose.

Mais il n'en est pas de même de l'acide sulfureux introduit dans les moûts. Une partie de cet acide passe à l'état combiné, *elle est inoffensive*.

L'autre partie, qui est à l'état libre, commence à s'oxyder et se décompose avant même la fermentation et, finalement, disparaît.

Les consommateurs n'ont donc rien à craindre des vins provenant des vendanges sulfitées.

**Deuxième cas. — Sulfitage et levurage. —** Comme nous l'avons dit plus haut, lorsque la vendange est avariée, lavée par les pluies et que la tempé-rature est au-dessous de 26 °, il est *indispensable* de levurer.

J'ajoute même que, *dans tous les cas*, cette opération est utile et avantageuse.

Après le sulfitage, dans les circonstances les plus favorables, c'est-à-dire, vendange saine et tempéra-ture de 25° environ, la fermentation spontanée s'éta-blira, mais avec un retard dû à l'emploi de l'acide sul-fureux. Ce retard variera de 12 heures à trois jours au plus, suivant la dose d'acide sulfureux employée.

*Par l'apport de levures actives* on supprime ce retard, d'où économie de temps et de vaisselle vinaire. De plus le vin atteignant rapidement une fermentation com-plète, on obtient un gain d'alcool de 0° 4, à 0° 6[1].

Le levurage et le sulfitage coûtent dans une petite exploitation 35 à 40 centimes par hecto (achat des le-vures, des solutions sulfureuses et main-d'œuvre). Dans une grande exploitation (à partir de cinq mille hectos) ce prix peut être abaissé à 20 ou 25 centimes. En mettant le degré alcool au prix de 5 fr. seulement le bénéfice est intéressant, sans compter la certitude d'une amélioration sensible du vin.

**Manière d'opérer. —** Le *sulfitage* terminé, on

---

1. J'ai fait à ce sujet de nombreuses expériences absolument con-cluantes. Je ne citerai que la dernière.

Le même jour, 21 septembre 1919, j'ai rempli dans ma cave de Bays-san, trois foudres de 260 hectos avec des raisins d'Aramon, provenant de la même vigne.

Un seul de ces foudres fut levuré et sulfité ; les deux autres furent seulement sulfités.

La fermentation fut terminée dans le foudre levuré, 26 heures avant les autres.

Le poids du vin levuré 10°,5 fort.

Le poids de celui des foudres seulement sulfités était de 10° faible.

ouvre de nouveau le robinet du foudre et dans le cuvier placé au-dessous on mélange au moût la quantité de *levain* nécessaire, soit 2 litres à 2 litres 5 par hectolitre de vin.

On fait un remontage à la pompe, afin d'assurer un mélange aussi intime que possible. La durée du remontage varie suivant la contenance du foudre *(20 minutes suffisent pour un foudre de* 100 *hectolitres)*. Ce remontage est indispensable pour ensemencer de levures toute la masse ; mais il a, de plus, l'avantage d'aérer le moût et d'aider à la disparition complète de l'acide sulfureux libre qui, ayant fini son rôle, doit être éliminé.

**Préparation du levain.** — Il fallait autrefois trois jours pour préparer un levain et habituer les levures à prospérer et à travailler dans un milieu contenant de l'acide sulfureux. On prépare, à présent, des levures, concentrées et acclimatées à l'acide sulfureux, qui peuvent être mises directement dans la cuve pendant son remplissage. Je crois, cependant, qu'il est préférable de préparer un levain à l'avance. En employant ces levures concentrées, la fabrication du levain ne demandera plus que 12 à 16 heures au lieu de trois jours comme avec l'ancienne méthode.

*Manière d'opérer.* — On met dans un grand cuvier environ 100 litres de moût stérilisé à la chaleur à 70°. Dès que ce moût a été ramené à la température de 25°, on l'ensemence avec la quantité de levures nécessaire à la quantité de vin à traiter dans la journée *(à raison de 2 litres de levures sélectionnées par* 100 *hectolitres de vin)*. Dès que la fermentation est bien partie dans le cuvier, on fait un remontage du moût de la cuve en y mélangeant le levain. Cette méthode a un avantage, elle abrège la durée de la fermentation. Les deux litres de levures *sélectionnées* versés dans le moût *stérilisé* se multiplieront et ne produiront que de *bonnes* levures. On mettra dans le moût de (100 hectolitres) non plus

2 litres de levures mais 102 litres d'un liquide fourmillant de levures.

Pendant la fabrication du levain, il faut que la température du liquide soit maintenue entre 24° et 30°. Pour cela on se sert de cruchons en grès que l'on plonge dans le liquide. Ces cruchons sont remplis d'eau bouillante si la température du moût tend à descendre au-dessous de 25°, et d'eau très froide si elle monte au-dessus de 30°.

**Pied de cuve.** — Lorsqu'on a à opérer sur la récolte d'un cru classé, on a souvent recours à un *pied de cuve*. Pour l'obtenir, on choisit dans les meilleurs cépages des raisins sains, on les égrappe et avec le moût ainsi obtenu on prépare un levain.

Mais nous ne devons pas oublier que sur les raisins, même sains, se trouvent, avec les bonnes levures, des ferments inutiles et des bactéries, ferments des maladies. Par ce pied de cuve, on introduit dans la vendange des ferments quelconques, les bons, les neutres et les mauvais. Il me semble que, le levurage apportant aux vins communs une amélioration sensible, cette amélioration se produirait de même dans les vins de crus, *à la condition d'employer pour ces vins des levures sélectionnées provenant de leur propre cru.*

**Égrappage.** — L'égrappage, dans certains cas nombreux, apporte une amélioration au vin.

*L'égrappage a pour but de séparer les grains des raisins de leurs rafles avant de les jeter dans la cuve.* Autrefois l'égrappage n'était employé que dans les pays de vins fins (Bourgogne, Bordelais). Depuis quelques années il s'est propagé peu à peu dans le Midi.

Les avantages et les inconvénients de cette pratique sont très discutés.

| Les partisans de l'é-grappage prétendent: | Les adversaires de l'é-grappage prétendent : | On peut dire : |
|---|---|---|
| 1º Qu'il augmente légèrement le degré alcoolique du vin: en effet, par suite des échanges qui se produisent entre le moût et les tissus de la rafle, cette dernière prend de l'alcool au moût et cède de l'eau à la place. | 1º Que la disparition de la rafle diminue la surface d'oxydation du moût, d'où ralentissement de la fermentation. | 1º Que si le ralentissement de la fermentation se produit il est facile de l'activer par un ou plusieurs remontages. |
| 2º Qu'il diminue l'astringence du vin et l'empêche de prendre un goût de grappe lorsque la rafle est aqueuse et encore verte. | 2º Que si la matière astringente apportée par la grappe donne parfois de la dureté, elle favorise en échange la durée et la conservation du vin. | 2º Qu'il est bon de faire analyser ses vins. On ne doit égrapper que si le vin contient un excès de tanin. |
| 3º Qu'il élimine les éléments étrangers souillant la grappe. | 3º Que parmi les substances apportées au vin par la rafle, il en est de très utiles, l'acide tartrique, les tanins et certains principes peu connus qui, sous l'action de la fermentation, contribuent à donner au vin la saveur et le bouquet caractéristique du cépage. | 3º Même remarque que ci-dessus. |
| 4º Qu'il donne des vins plus brillants, plus limpides, plus fins. | 4º Pas d'objection. | 4º Rien à dire. |
| 5º Qu'il permet une économie de main-d'œuvre. On a un plus petit volume de marc à manipuler et le matériel nécessaire (cuves et pressoirs) peut avoir de moindres dimensions. | 5º Que la diminution des frais de main-d'œuvre obtenue est compensée par les frais qu'occasionne l'égrappage. Que le pressurage du marc égrappé est long, difficile et incomplet, à cause de la difficulté qu'éprouve le vin à circuler dans la masse compacte composée de pépins et de pellicules. | 5º Qu'on peut estimer que l'économie de main-d'œuvre amortit assez rapidement la dépense d'installation des égrappoirs, et qu'avec quelques précautions, les marcs égrappés rendent autant de jus que les marcs non égrappés. |

On ne peut pas établir de règle fixe concernant l'égrappage. Il faut admettre que :

*l'égrappage est nécessaire* : 1º Quand les raisins, à cause de la nature du cépage dont ils proviennent, donnent des vins âpres, astringents ;

2º Quand, pour certaines raisons, les raisins ont été vendangés avant leur maturité complète ;

3º Quand la quantité de moût est trop faible par rapport à la quantité de rafles. La proportion de marc doit être de 14 à 17 % et celle du liquide de 83 à 86 %. Si la proportion du marc est plus élevée, il y a lieu d'égrapper. Si elle est inférieure il est préférable de conserver toute la rafle.

*l'égrappage est nuisible* : 1º Lorsque les raisins proviennent de cépages fournissant ordinairement des vins légers, manquant de tanin et sujets à s'altérer ;

2º Quand les raisins très mûrs, très riches en sucre, fermentent difficilement comme cela a lieu dans les pays chauds.

**Pratique de l'égrappage.** — On peut égrapper de trois manières différentes :

1º Au trident ; 2º à la claie ; 3º à la machine.

*Egrappage au trident.* — On se sert d'un trident ou simplement d'un bâton à trois branches. On le plonge dans un récipient à moitié rempli de raisins, et on l'agite en tous sens pour séparer les grains des rafles, ces dernières montent à la surface et on les élimine.

*Egrappage à la claie.* — On jette les raisins sur une claie d'osier, disposée au-dessus de la cuve. L'égrappeur froisse les raisins en les frottant en tous sens sur la claie, avec les mains et les avant-bras. Les grains passent à travers la claie et les rafles sont retenues.

*Egrappage à la machine.* — Les égrappoirs mécaniques les plus usités sont de deux systèmes. Dans le premier, les raisins foulés tombent dans une auge demi-cylindrique en cuivre, longue de 1m,50 à 2 mètres, percée de trous de 3 à 4 centimètres de diamètre et fermée à la partie supérieure par un couvercle en bois, ils sont entraînés par un agitateur à palettes disposées en hélice. Les palettes, en tournant, remuent les raisins, les frottent contre les parois du cylindre et les égrènent. Les grains et les moûts passent par les trous et sont recueillis dans une trémie, tandis que les rafles sont rejetées à l'extrémité du cylindre.

Dans le second système, le raisin foulé tombe dans une trémie en tôle galvanisée, percée de trous. Cette trémie cylindrique, légèrement inclinée, est animée d'un mouvement de rotation rapide autour de son axe. Les raisins projetés par la force centrifuge contre la paroi de la trémie sont égrénés. La pulpe, les pépins et les pellicules traversent la trémie et les rafles isolées vont tomber dans un récipient d'égouttage.

Ces divers égrappoirs peuvent être mus à bras, ou mieux, à l'aide de moteurs.

**Pressurage.** — Les instruments employés à l'extraction du vin contenu dans les marcs se nomment *pressoirs* et se divisent en pressoirs discontinus et en pressoirs continus, suivant que leur alimentation est intermittente ou continue.

*Pressoirs discontinus.* — A l'origine on se servait pour presser le marc de planches, sur lesquelles on mettait de grosses pierres. On n'obtenait ainsi qu'une pression par trop insuffisante.

Le pressoir actuel se compose *essentiellement* de trois organes :

1º D'une vis verticale ;

2º D'un plan horizontal, *la maie* ;

3º D'un écrou qui se meut le long de la vis et qui constitue l'appareil de serrage.

Le marc à presser est étendu sur la maie autour de la vis. Parfois il est soutenu latéralement par une claie à claire-voie. On le surmonte d'une sorte de couvercle *(chapeau)* et d'un certain nombre de pièces de bois, madriers ou poutres, *la charge*, qui transmet à la masse, en la répartissant, la pression obtenue par le serrage de l'écrou.

Le serrage s'obtient au moyen de leviers de différentes formes, les uns actionnés toujours dans le même sens, les autres, les plus usités, alternativement actionnés dans un sens et dans l'autre, mais agissant toujours dans le même sens sur l'écrou, grâce à un rochet qui renverse le mouvement.

La maie est en bois, en métal (fer) ou en ciment.

Celles en bois seraient parfaites si l'étanchéité pouvait être assurée. Celles en fer sont très bonnes, mais il faut garantir le métal par un enduit protecteur pour éviter les mauvais goûts. Celles en ciment, établies sur béton, sont parfaites et, pour ainsi dire, inusables.

La charge d'un pressoir doit toujours présenter une certaine élasticité ; elle constitue, en effet, une sorte d'accumulation de pression.

Si l'on presse du marc surmonté d'une charge non élastique, une fois arrivé à la limite de serrage qui comporte l'appareil, on n'obtient plus aucun résultat.

Avec une charge élastique, l'appareil peut être abandonné à lui-même, la pression se continue, restituée par l'élasticité de cette charge.

Les pressoirs à charge de bois sont supérieurs sous ce rapport à ceux dont la charge est en fer.

Un perfectionnement remarquable des pressoirs a été la substitution à la charge ordinaire, de ressorts en acier d'une grande énergie, disposés entre un chapeau non élastique et l'écrou.

Par une disposition très simple, le chapeau est lié à l'écrou de sorte que l'un et l'autre montent et descendent ensemble. C'est déjà une simplification de manœuvre. Les ressorts sont du type de ceux employés dans les tampons des wagons de chemin de fer.

Leur résistance à l'affaissement est nominalement

de 20.000 kilogs et leur course de 14 à 15 centimètres. Sous la pression, la hauteur du marc sur la maie diminue jusqu'à ce que la résistance qu'il oppose soit égale à la résistance des ressorts à l'affaissement. A partir de ce moment, si le serrage est continué, la pression est emmagasinée par les ressorts qui s'affaissent de plus en plus, puis restituée par eux quand les leviers de serrage cessent d'être actionnés. Le chapeau continue de descendre jusqu'à ce que les ressorts aient repris leur hauteur primitive.

*Pressoirs continus.* — Le pressurage, à l'aide des pressoirs discontinus, donnent des résultats médiocres, puisque le marc asséché par les meilleurs pressoirs contient encore 50 % de son poids de liquide.

On a essayé d'aller au delà de ce rendement au moyen des pressoirs continus.

Ces pressoirs ont été imaginés dans le but :

1° De réduire la main-d'œuvre ;

2° De réduire l'outillage par la suppression des pressoirs ordinaires, qui, pour la même quantité de vendange à traiter, sont plus nombreux, plus coûteux et surtout plus encombrants que les pressoirs continus ;

3° De réduire le temps de pressée ;

4° D'augmenter le rendement en vin de presse *(il n'est pas démontré que la supériorité du rendement ait été atteinte)*.

Tous les pressoirs continus connus travaillent de la même manière.

Ils se composent d'un ou de plusieurs jeux de cylindres, faisant office de fouloir s'ils travaillent de la vendange fraîche, agissant comme compresseurs légers s'ils sont alimentés de vendange fermentée.

En quittant les cylindres, le marc est pris par une vis d'Archimède qui l'accumule dans un conduit d'une section de plus en plus faible, se terminant par une ouverture assez petite pour qu'un bouchon de marc formé à l'orifice ne puisse sortir que sous une pression intérieure très énergique. La vis transporte incessamment de nouvelles quantités de marc contre ce bouchon, qui joue le rôle de paroi fixe tant que la pression derrière lui n'est pas suffisante pour le chasser. Une nouvelle quantité de marc prend alors sa place, joue le même rôle, et cela dure indéfiniment tant que l'appareil est alimenté.

L'emploi des pressoirs continus est particulièrement séduisant dans la vinification en blanc, où il s'agit d'obtenir en peu de temps une séparation aussi complète que possible des parties liquides et solides du raisin.

Il y a malheureusement, dans le travail qu'ils fournissent, un défaut capital.

Le rendement en jus est bien, en apparence, plus fort que celui obtenu avec un pressoir discontinu, mais le moût fourni est infiniment plus bourbeux dans le premier cas que dans le second, et, si l'on prend la précaution de séparer *les matières solides en suspension*, on trouve que le rendement *vrai* est égal ou même inférieur à celui des pressoirs ordinaires. De plus, le vin obtenu par le pressoir continu est moins fin que celui d'un pressoir discontinu.

*Pressoirs hydrauliques.* — Ces pressoirs pressent très bien, je dirai même trop bien. Leur action très énergique fait sortir des rafles tous les liquides qu'elles contiennent, mais tous ces liquides ne sont pas du vin, et on obtient des vins *de mauvaise composition*. Il est prudent de ne les recommander que pour les vendanges égrappées.

### Piquettes et Vins de diffusion

Lorsqu'on a décuvé un foudre, c'est-à-dire fait couler le vin de goutte, il reste dans le marc une certaine quantité de liquide que l'on peut estimer égale au 20 % du vin de goutte.

On peut, comme nous l'avons vu, récupérer ce vin

en partie, en se servant de pressoirs. Il est possible encore d'en faire des piquettes par macération ou de recueillir par *diffusion* le vin restant dans le marc.

La loi interdit la vente et la circulation des piquettes. Elle ne permet, pour la consommation familiale, que la fabrication de 40 hectolitres par exploitation.

Pour faire des piquettes, il suffit, lorsque le décuvage est terminé, de mettre dans la cuve un volume d'eau égal au 1/5 ou au 1/7 du volume du vin décuvé.

On laisse macérer une huitaine de jours et on peut entonner.

## Vins de diffusion

C'est vers 1897 que M. Roos conçut et mit au point un procédé tout à fait ingénieux, capable de donner des résultats excellents au point de vue rendement.

*Expérience de laboratoire.* — Si on fait arriver doucement, à l'aide d'une tubulure, un faible courant d'eau dans le fond d'un flacon plein de vin, cette eau ne se mélange presque pas. Elle soulève le vin dans le flacon comme le ferait un piston. On ne doit pas laisser longtemps les choses en l'état, car les deux liquides se mélangeraient progressivement par pénétration réciproque, jusqu'à ce que l'équilibre soit obtenu, c'est-à-dire jusqu'à ce que le mélange d'eau et de vin soit homogène.

Si on remplace le vin par du marc, le même phénomène se produit, mais d'une manière beaucoup moins nette, à cause des innombrables interstices qui multiplient les surfaces de contact et augmentent l'adhérence du vin à déplacer. En outre, avec du marc de raisin, il se produit un phénomène physique appelé *diffusion* ou *dialyse*, consistant en une sortie du vin contenu dans l'intérieur même des cellules végétales.

En se basant sur ces deux phénomènes physiques : 1° déplacement mécanique ; 2° diffusion proprement dite ou dialyse, on peut obtenir du vin pur à l'aide de marcs de vendanges fermentées, sans avoir à utiliser aucun dispositif de pressurage.

M. Roos a conçu l'organisation de batteries de diffusion comprenant ordinairement une douzaine de cuves ou *diffuseurs*, que l'on peut faire communiquer à volonté, à l'aide de tuyauteries placées à leurs parties supérieures et inférieures.

Chacune de ces cuves est pourvue d'un faux fond à claire-voie destiné à supporter le marc de vendange à épuiser.

On commence par envoyer doucement de l'eau au bas du diffuseur n° 1 ; cette eau, en s'élevant à travers le marc, se charge de vin, et l'on voit bientôt s'écouler par la tubulure supérieure un mélange d'eau et de vin, une piquette.

Cette piquette a un degré alcoolique faible. On l'enrichit en l'envoyant par une canalisation dans le fond du diffuseur n° 2 et ainsi de suite.

Pratiquement, il faut mettre en œuvre 9 à 10 diffuseurs pour obtenir du vin pur.

Il est indispensable de surveiller très attentivement le titre alcoolique du liquide du diffuseur n° 10. Dès qu'on le voit s'abaisser légèrement, on ajoute à la série un diffuseur n° 11, on supprime le diffuseur n° 1 dont le marc est épuisé, on enlève ce marc et on recharge la cuve avec du marc frais.

La loi de finances du 13 juillet 1911 impose à tous ceux qui veulent faire de la diffusion la déclaration préalable au bureau de la Régie ; l'opération est faite sous la surveillance des agents des Contributions indirectes.

Par la diffusion, les marcs simplement égouttés fournissent 65 % de leur poids de vin et ce vin pèse 1 ou 2 dixièmes de moins que le vin de goutte, tandis que le pressoir n'en extrait que 55 %.

La diffusion serait donc très avantageuse s'il n'était

difficile, dans une exploitation agricole, de surveiller la marche régulière des diffuseurs. Par suite d'inattention ou d'accident, on risque d'obtenir des vins de diffusion mouillés et on peut avoir des difficultés avec la Régie.

Aussi la diffusion est maintenant peu utilisée pour obtenir du vin de diffusion, même dans les domaines où des installations existent.

On n'utilise généralement les cuves de diffusion que pour préparer des piquettes destinées à la distillation.

---

## CINQUIÈME LEÇON

---

### Vinification en blanc

1º *Vin blanc fait avec des cépages blancs.*

Dans la fabrication du vin blanc, contrairement à ce qui se pratique pour le vin rouge, le moût ne fermente pas en présence de la rafle et des pellicules.

**Vendange.** — Le moût de raisin blanc, ne fermentant pas avec les pellicules, ne peut, comme les moûts de raisin rouge, dissoudre par macération dans la cuve les principes sapides et odorants que contiennent les cellules de la pellicule. Cette dissolution ne peut commencer à se produire que dans le raisin laissé sur la souche pendant la surmaturation. *Il faut donc vendanger le raisin blanc à complète maturité et même, si on le peut, laisser dépasser cette maturité.*

**Foulage.** — Le foulage des raisins blancs doit être plus complet que celui des raisins rouges, car le moût blanc frais étant visqueux, s'échappe difficilement du marc pendant le pressurage.

**Égrappage.** — L'égrappage des raisins blancs est inutile et même nuisible, car la présence de la rafle facilite le pressurage, le contact des rafles et du moût est d'ailleurs de trop peu de durée pour nuire à ce dernier.

**Pressurage.** — Le pressurage a lieu immédiatement après le foulage. La vendange foulée tombe directement dans la cage du pressoir situé au-dessous. Elle s'égoutte pendant le remplissage du pressoir. Le pressurage doit s'opérer rapidement de façon à réduire au minimum le temps de contact du jus avec le marc pour empêcher la coloration en jaune du moût.

**Débourbage.** — *Le débourbage est une opération qui consiste à débarrasser le moût des impuretés qu'il contient :* fragments de pellicules, de rafles, terre, matières étrangères en suspension.

On distingue plusieurs procédés de débourbage :

1º Débourbage par le repos ;

2º Débourbage par le collage ;

3º Débourbage mécanique.

**I. — Débourbage par le repos.** — Ce procédé, le plus simple et le plus pratique, consiste à laisser le moût au repos pendant 6 à 24 heures, suivant sa qualité, et à soutirer ensuite le liquide clair dans une cuve où se fera la fermentation.

Ce système a un inconvénient. Si le débourbage dure 24 heures, la fermentation peut se produire et les bulles de gaz peuvent soulever la bourbe et la maintenir en suspension.

Il faut donc retarder la fermentation, on y arrive par le *mutage*.

Le mutage est basé sur la propriété qu'a l'acide sulfureux de paralyser les ferments pendant un certain temps.

Le mutage se fait de deux manières :
1° Par le soufrage ;
2° Par le sulfitage.

**Le soufrage** consiste à faire passer le moût à travers une atmosphère de gaz sulfureux. On fait brûler dans le tonneau ou la futaille la quantité de soufre nécessaire, on y transvase ensuite le moût à l'aide d'un tuyau terminé par une pomme d'arrosoir pour diviser le jet et pour que le moût absorbe plus facilement l'acide sulfureux.

**Le sulfitage** consiste à ajouter au moût une solution sulfureuse en quantité suffisante pour donner la dose de 10 à 20 grammes d'acide sulfureux par hectolitre.

**II. — Débourbage par collage.** — Ce procédé, très peu employé, est basé sur l'emploi des matières albuminoïdes. L'albumine du blanc d'œuf, du sang, la gélatine se coagulent sous l'action des matières astringentes *(tanin)* du vin et constituent un réseau très fin, une *colle* qui se précipite en entraînant les matières en suspension. La coagulation n'étant possible que si la quantité de tanin est suffisante, et les moûts de vins blancs étant généralement pauvres en cette matière, il est prudent, pour obtenir un résultat suffisant, d'ajouter 2 à 8 grammes de tanin par hectolitre.

**III. — Débourbage mécanique.** — Pour débourber mécaniquement les moûts, on peut appliquer le *tamisage* et le *turbinage*.

Le tamisage consiste à faire passer le moût à travers une toile métallique.

Nous pouvons prendre comme exemple le *débourbeur Mabille*. C'est un cylindre, ou plutôt un tronc de cône à génératrice très allongée, en toile métallique et monté sur un arbre horizontal.

L'arbre est commandé, à raison de 40 tours par minute, par une roue dentée ou une poulie placée à

son extrémité, du côté de la petite base ; à l'autre
extrémité, l'arbre, guidé verticalement par une glis-
sière, est supporté par une roue à cames reposant sur
une pièce métallique. Dans la rotation, les cames,
venant à porter sur la pièce fixe, impriment au cylindre
une série de chocs. Les moûts entrent à l'intérieur du
cylindre, du côté de la petite base ; les jus passent au
travers de la toile, les chocs continuels détachent les
lies et les font descendre peu à peu, pour les laisser
échapper par la grande base du débourbeur.

Le turbinage consiste à faire passer le moût dans une
turbine analogue à celle que l'on emploie pour l'écré-
mage du lait. La vitesse de rotation de l'appareil permet
de séparer le liquide en couches de densités différentes.
Ce procédé ne peut être employé que dans les grandes
exploitations, à cause du prix des appareils.

**Entonnage**. — Les moûts, suffisamment éclaircis
par le débourbage, sont mis dans les tonneaux où ils
subissent la fermentation.

S'il s'agit de vins de crus, les tonneaux employés
doivent être de petite dimension (de 150 à 200 litres
environ), parce que dans les fûts de petite dimension
les vins se clarifient mieux et vieillissent plus vite à
cause des échanges gazeux qui se font à travers les
parois en bois. Pour ces vins, il vaut mieux employer
des fûts neufs en chêne. Ces fûts, affranchis, sont lavés
à l'eau bouillante qui dissout une grande partie du
tanin qu'ils contiennent et qu'ils céderaient au vin
en trop grande quantité.

D'après MM. Coudon et Pacottet, un fût neuf peut
céder près de 100 grammes de tanin par hectolitre à un
vin, quantité dix fois supérieure à celle qui est nécessaire.

**Fermentation**. — La fermentation des vins blancs
se fait à une température aussi basse que possible,
vers 20 degrés ; c'est une *fermentation basse* ; elle dure

quinze jours à trois semaines. Les moûts soumis à la fermentation basse donnent des vins plus fruités, à parfum plus développé et plus délicat que les moûts fermentant à haute température vers 30°.

**Achèvement du vin blanc.** — La fermentation étant terminée, le vin blanc est laissé dans son fût, lequel est placé dans une cave où il se refroidit. L'action du froid, pour être efficace, doit se faire sentir de trois semaines à un mois ; *la température ne doit pas être inférieure à 4 degrés.* Sous l'action du refroidissement, le vin se clarifie, les lies, les levures, les cristaux de tartre en suspension tombent au fond du tonneau.

**Soutirages.** — Lorsque la clarification a eu lieu, on sépare le vin de sa grosse lie par un soutirage.

Deux cas peuvent se présenter :

1° *Les moûts ont été débourbés.* Le premier soutirage peut se faire en février ;

2° *Les moûts n'ont pas été débourbés.* Le premier soutirage doit se faire en décembre.

Le premier soutirage, pour la séparation du vin blanc d'avec ses grosses lies, se fait à l'air libre. Les autres soutirages doivent se faire à l'abri de l'air et dans des fûts légèrement méchés pour éviter le jaunissement du vin.

Ce que je viens de dire sur l'entonnage et l'achèvement du vin blanc n'est exact que pour les vins de crus.

Dans les régions à grande production du Midi, le vin blanc est, en général, un produit un peu neutre qui sert à des coupages ou à la fabrication des Vermouths. Il est donc nécessaire de lui conserver cette neutralité. La fermentation en fûts de faible contenance favoriserait l'oxydation de ces vins et leur séjour dans ces mêmes récipients produirait sûrement et rapidement *la madérisation.*

Il est utile, par conséquent, de se servir pour la vinification de ces vins, de foudres de grande contenance

(200 à 300 hectos) et, mieux, de cuves en sidéro-ciment, qui, peu perméables à l'air, s'opposent à l'oxydation du vin qu'elles contiennent.

*2º Vin blanc fait avec des cépages rouges.*

Pour obtenir des vins blancs avec des raisins rouges, il faut, naturellement, ne prendre que des cépages à jus non coloré, et il faut séparer vivement le jus du raisin, qui est incolore, d'avec les pellicules dont les cellules intérieures contiennent la matière colorante.

La matière colorante est très peu soluble dans le moût, sauf à chaud à partir de 50 degrés.

Elle est très soluble dans l'alcool, qui se produit pendant la fermentation.

La séparation du jus des raisins d'avec les pellicules doit donc se faire :

1º En évitant de déchirer les cellules internes de la pellicule qui laisseraient échapper une partie de la matière colorante ;

2º Avant tout commencement de fermentation qui produirait de l'alcool.

**Foulage.** — Les raisins aussitôt cueillis sont foulés avec un fouloir à cylindres assez écartés pour ne pas écraser les pellicules et mettre la matière colorante en liberté.

**Égouttage.** — La vendange foulée est égouttée dans la cage du pressoir. On la remue souvent pour faciliter le départ du liquide. Ce dernier est peu ou pas coloré.

**Pressurage.** — La vendange égouttée est pressée rapidement en faible épaisseur (1 mètre au maximum), pour que le moût reste le moins de temps possible en contact avec le marc.

Le moût, obtenu ainsi, est légèrement coloré en rouge et devra être décoloré.

Le marc restant sur le pressoir est béché et pressé

à nouveau (2e pressurage). Le moût qui s'écoule alors est trop coloré pour qu'il puisse servir à faire du vin blanc. On le fait fermenter à part, avec addition de vendange fraîche, de façon à obtenir du vin rouge.

**Débourbage.** — Le moût, provenant du premier pressurage, est soigneusement débourbé, pour qu'il ne contienne pas des fragments de pellicules rouges qui abandonneraient, dès le début de la fermentation, leur matière colorante au vin.

**Décoloration des moûts tachés.** — Le mélange de moût provenant de l'égouttage et de celui du premier pressurage est plus ou moins rosé, il est dit *taché*. *La loi permet de le détacher.*

La meilleure façon de le faire est l'emploi successif de *l'acide sulfureux* et du *noir animal lavé*. C'est d'ailleurs la méthode légale.

La décoloration par l'acide sulfureux seul ne donne qu'un résultat *passager*. Lorsque le gaz sulfureux a disparu, par évaporation ou par combinaison, la coloration réapparaît. Il faudrait donc maintenir constamment de l'acide sulfureux libre dans le vin, ce qui n'est pas pratique et a des inconvénients.

Combiné avec le noir animal (en faisant agir d'abord l'acide sulfureux, puis le noir animal), l'acide sulfureux donne de très bons résultats.

L'expérience a montré, en effet, que le noir animal entraîne mieux la matière colorante en *combinaison incolore* avec l'acide sulfureux que la matière colorante *libre*, de plus l'acide sulfureux favorise la précipitation du noir, lequel disparaît ensuite facilement par soutirage.

Il ne faut se servir que de *noir animal lavé* qui se prépare en traitant le noir animal *(charbon d'os)* par l'acide chlorhydrique et en lavant à grande eau le noir obtenu jusqu'à disparition de toute acidité.

**Manière d'opérer.** — On sulfite le moût à l'aide

d'une solution sulfureuse titrée, de façon à mettre dans le moût une dose de 8 à 12 grammes d'acide sulfureux par hectolitre. Délayer ensuite la dose de noir nécessaire à la décoloration du moût.

Cette dose qui peut varier de 50 à 150 grammes, suivant la coloration du moût, est fixée par plusieurs essais.

Au bout de 10 à 12 heures on soutire, en l'aérant, le moût clair et débourbé, et complètement incolore, dans les fûts ou les foudres où doit se faire la fermenta- tion.

**Vins gris et vins rosés.** — *Les vins gris* sont des vins blancs un peu colorés faits avec des raisins rouges. Ces vins sont complètement pressés (vins d'é- gouttage et de presse réunis). Le moût est mis à fer- menter sans débourbage préalable. Le vin obtenu est sensiblement coloré.

*Les vins rosés* s'obtiennent de la manière suivante : les raisins rouges, mélangés ou non à un cinquième au plus de raisins blancs, sont foulés et mis en cuve de fermentation. On cherche à obtenir un départ rapide de la fermentation. Quand cette dernière est bien établie et tumultueuse, on soutire dans des fûts dans lesquels la fermentation s'achève. Avec le marc restant, addi- tionné de vendange fraîche, on fait du vin rouge. Les vins rosés se distinguent de vins rouges, faits avec les mêmes raisins, par leur finesse et leur bouquet[1].

---

1. On a souvent le tort d'appeler *vins rosés* tous les vins faits avec des raisins rouges, qu'ils aient été vinifiés en blanc ou qu'ils aient fermenté pendant 12 heures, ou plus, au contact des pellicules.

C'est une profonde erreur.

Les vins de raisins rouges vinifiés en blanc, c'est-à-dire fermentés sans contact avec les pellicules peuvent être désignés sous le nom de leur cépage suivi de la mention *fait en blanc*. Exemple : *aramon fait en blanc.*

Ils ont le droit d'être dénommés *vins blancs* et la loi permet de les détacher avec du noir pur s'ils ont été colorés par accident.

Le nom de *vins rosés* doit être réservé aux vins qui ont fermenté avec les pellicules, quelque bref qu'ait été ce contact.

Ces vins ne peuvent, dans aucun cas, *être décolorés.*

**Sulfitage et levurage**. — Le sulfitage et le levurage s'opèrent pour les vins blancs comme pour les vins rouges et donnent les mêmes bons résultats.

## Vins divers

Nous venons d'étudier la fabrication des vins blancs secs.

Il existe d'autres vins blancs tels que *les vins blancs doux, les vins blancs liquoreux, les vins blancs de liqueur, les vins mousseux champagnisés.*

### Définitions :

*Les vins blancs doux* sont des vins dont on a arrêté la fermentation mais dont l'état de douceur est *instable.*

*Les vins blancs liquoreux* sont des vins obtenus avec des raisins qui, par *passerillage*, contiennent beaucoup de sucre, une partie de ce sucre reste indécomposée, lorsque la fermentation a déjà produit assez d'alcool. Cet état de douceur est *stable. Les vins blancs de liqueur* sont des vins obtenus avec des raisins n'ayant pas une quantité du sucre assez grande pour que ces vins soient à la fois alcooliques et doux. On n'obtient ce résultat qu'en ajoutant de l'alcool pendant la fermentation.

**Vins blancs doux**. — Le vin blanc doux est un vin n'ayant subi qu'un commencement de fermentation.

Les travaux de M. Roos sur la vie aérobie et la vie anaérobie des levures ont mis en lumière le rôle de l'aération dans la préparation des vins doux, c'est-à-dire, dans la préparation des vins qui doivent conserver du sucre indécomposé.

En aérant fortement le moût, par filtrage, soutirage ou en le plaçant dans des cuves ouvertes peu profondes, on provoque la formation d'un grand nombre de levures ou ferments. Si on laisse ces levures dans le moût, celui-ci ne tarde pas à fermenter et, pour peu que la température soit favorable, le sucre est bien vite transformé en alcool. Mais, si on a le soin de séparer les levures du liquide, à mesure de leur formation, par des soutirages fréquents avec élimination du dépôt *(qui contient les levures formées)* et en enlevant la mousse qui renferme aussi des levures, ces levures n'ont pas le temps d'agir et le sucre reste indécomposé. Ces soutirages successifs et fréquents appauvrissent aussi le moût en azote et en acide phosphorique, corps nécessaires à la vie des levures. La fermentation ne se produit pas, ou se produit avec beaucoup de lenteur et le vin reste doux. Pour arrêter plus complètement la fermentation, on emploie l'acide sulfureux.

Pour conserver le vin le plus longtemps possible dans cet état de douceur, on le place dans des caves très fraîches.

Ces vins blancs doux doivent être consommés pendant les premiers mois qui suivent les vendanges; car sous l'action de la chaleur de l'été, ils se mettent généralement à fermenter, car l'élimination des levures ne peut être complète, et si celles-ci cessent d'être capables d'entretenir une fermentation sous l'action du froid, elles sont susceptibles, le plus souvent, de reprendre une certaine activité en été. Ces vins blancs doux sont surtout consommés tels quels dans le centre de la France. Ils peuvent aussi servir à édulcorer des vins blancs secs. Mais une circulaire ministérielle du 14 mai 1912 fixe à 5° la teneur alcoolique minima que devra avoir le vin employé à ce dernier usage[1].

**Vins blancs liquoreux.** — Les vins blancs liquoreux renferment à la fois une certaine proportion de sucre et d'alcool. On les obtient en laissant mûrir le raisin d'une façon exagérée, de manière à ce que le moût arrive à un degré de concentration très élevé.

---

1. Le décret du 19 août 1921 autorise l'édulcoration des vins naturels par les moûts non fermentés.

Dans le Midi de la France, on laisse le raisin pendant très longtemps sur la souche. Il se dessèche, se ride et perd une certaine quantité d'eau ; le sucre subit une transformation spéciale qui paraît agir favorablement sur la qualité du vin. Dans les régions septentrionales, on arrive au même résultat en laissant les raisins pendant un certain temps sur la paille, où ils subissent des modifications identiques. Ensuite on les presse et on les met à fermenter dans des tonneaux comme on le fait pour les vins ordinaires.

Au bout d'un certain temps, grâce à l'alcool qui est déjà formé et au sucre qui reste non transformé, la fermentation qui, en général, n'a jamais été bien forte, finit par cesser complètement. Le vin est alors doux et alcoolique, c'est-à-dire liquoreux.

Nous citerons le vin de Sauternes comme exemple de vin liquoreux obtenu avec des raisins surmûris sur souche et le vin de Château-Châlons comme type de vin de paille.

*A Château-Yquem* et à *Sauternes*, les raisins sont laissés sur la souche jusqu'à ce qu'ils aient acquis un degré de maturité exagéré et qu'ils soient couverts d'une moisissure particulière, appelée *pourriture noble*, qui leur donne un aspect duvéteux ; cet état de maturité spécial est une des conditions indispensables pour obtenir la qualité qui caractérise ces grands vins. Afin que tous les grains soient suffisamment mûrs, on opère la vendange en plusieurs fois, en choisissant chaque fois les raisins ou même les grains qui présentent les caractères indiqués. Cette moisissure paraît absolument indispensable à une bonne vinification et toutes les circonstances qui la favorisent (temps chaud et humide) tendent à augmenter la qualité du vin.

Le moût de la vendange est exprimé et mis dans des tonneaux. Là il est l'objet de soins spéciaux (soutirages et collages), jusqu'à ce qu'il soit en état d'être mis en bouteille.

*Les vins de Château-Châlons* (Jura) appartiennent à la catégorie des vins de paille, c'est-à-dire des vins obtenus avec des raisins ayant séjourné pendant un certain temps sur la paille.

Pour obtenir ces vins liquoreux, on laisse les raisins sur les souches jusqu'aux premières gelées ; les grains se rident et subissent un commencement de passerillage. Ces raisins sont ensuite placés sur des claies couvertes de paille. Pendant qu'ils sont conservés sur la paille, les raisins sont souvent visités et les grains gâtés éliminés. La moisissure ici doit être proscrite avec autant de soin qu'elle est recherchée dans le pays de Sauternes.

Lorsque le passerillage est suffisant, les grains, séparés de la grappe, sont portés sur le pressoir. Le moût est mis dans des tonneaux où la fermentation s'opère peu à peu. Il convient de remarquer que la fermentation n'est jamais bien active lorsque le moût est très concentré.

Le vin est laissé en tonneau, sans soutirage ni outillage, pendant plusieurs années (quatre, six, huit et même jusqu'à treize ans) et est alors mis en bouteille. La bonne conservation du vin de paille sans l'aide de traitements particuliers s'explique par la grande quantité de sucre contenue dans le moût ; mais ce procédé ne peut être adopté que pour des moûts donnant au moins 20° à 22° Baumé.

La fabrication des vins de paille peut être faite un peu partout, il suffit d'avoir de très bons raisins ayant assez de sucre. Quant au procédé de Sauternes, il paraît surtout donner de bons résultats dans cette région.

**Vins blancs de liqueur.** — Pour obtenir un vin liquoreux qui puisse se conserver, il faut que les raisins renferment une très grande quantité de sucre. Quand celui-ci n'existe pas en proportion suffisante, il faut ajouter de l'alcool, de façon à ce qu'une partie du sucre naturel du moût reste indécomposé. Cette addition d'alcool[1] doit être faite lorsque le vin est encore doux, c'est-à-dire au commencement de la fermentation. Cette addition a alors pour effet, tout en s'opposant à la vie des ferments et en maintenant le sucre, de donner le degré alcoolique voulu. Les vins obtenus ainsi portent le nom de *vins de liqueur*. Parmi les plus connus on peut citer *le Muscat, le Porto, Le Xères, Le Malaga, le Madère, etc.*

Comme exemple, nous allons parler de la fabrication du *vin Muscat.*

Le vin muscat est un vin de liqueur obtenu avec les fruits d'un cépage qui porte ce nom et que l'on traite d'une façon spéciale. Les raisins sont laissés sur la souche jusqu'à ce que le moût marque 18° à 19° au pèse-moût. Après avoir pressé la vendange, le liquide est mis dans les tonneaux, où il ne tarde pas à entrer en fermentation. Ces tonneaux sont placés dans des locaux frais, afin que la fermentation soit moins active, et de cette façon le vin conserve mieux son arome caractéristique. Au bout de trois ou quatre jours, on ajoute 2 % d'alcool, de façon à modérer l'activité des ferments. On fait ensuite deux nouvelles additions à trois jours d'intervalle avec la même quantité d'alcool. L'addition de l'acool doit toujours être suivie d'une forte agitation du liquide, pour que le mélange soit bien fait. En novembre, on soutire pour séparer le vin des grosses lies et on laisse en repos jusqu'au mois de février. A ce moment on le colle et on le soutire de nouveau.

Le vin est laissé en tonneau un ou deux ans, pendant lesquels il reçoit deux soutirages annuels. On le met ensuite en bouteille, où il finit d'acquérir toutes ses qualités.

---

1. Cette fabrication des vins de liqueur doit être précédée d'une déclaration au bureau des Contributions indirectes et doit être surveillée par la Régie, voir à la page 84 de l'appendice les variétés de raisin que l'on peut employer pour cette fabrication.

## Mistelles

On peut placer les mistelles à la suite des vins de liqueur. Cependant les mistelles ne sont pas des vins (cette appellation devant être réservée aux liquides provenant de la *fermentation des raisins frais*), ce sont des moûts de raisins frais dont on a empêché la fermentation par une addition immédiate d'alcool concentré de manière à élever à 15° au minimum le titre alcoolique du mélange.

On peut préparer des *mistelles blanches* par addition d'alcool à des moûts incolores obtenus par foulage et égouttage de raisins blancs ou colorés.

Si au lieu d'être ajouté à des moûts, l'alcool est ajouté à des vendanges égrappées ou non, simplement foulées, et, si on laisse se produire une sorte de macération des pellicules qui contiennent la matière colorante, on obtient des *mistelles rouges*.

Pour préparer des mistelles d'un degré donné, il faut évidemment tenir compte du degré de l'alcool dont on dispose.

On se sert de la formule suivante :

V étant le volume des mistelles à obtenir.

D le degré alcoolique que l'on désire donner à ces mistelles,

$d$ le degré de l'alcool dont on dispose,

l'inconnu $x$ sera la quantité d'alcool du degré $d$ que l'on devra ajouter au moût.

Cette quantité est donnée par la formule suivante :

$$x = \frac{VD}{d}$$

*Exemple numérique*. On veut remplir de mistelles à 15°,5 une cuve de 200 hectolitres, et l'on dispose d'alcool à 85°.

La formule sera

$$x = \frac{VD}{d} \text{ soit } x = \frac{200 \times 15,5}{85} = 36 \text{ hectolitres } 47.$$

Commercialement on vend les mistelles en tenant compte :

1º De leur densité Baumé, appelée quelquefois degré de douceur, mesurée au densimètre Baumé ;

2º De leur titre alcoolique mesuré par distillation.

Si on vend une mistelle avec la garantie 8/15, cela signifie que cette mistelle a

1º Une densité apparente en sucre de 8º Baumé ;

2º une richesse alcoolique de 15º.

Cette garantie 8/15 est considérée comme un minimum. Au-dessous les mistelles sont considérées comme anormales et trouvent difficilement acheteur.

Il faut donc préparer les mistelles avec des moûts naturels très riches en sucre et dont la densité soit au moins de 12º Baumé.

Les mistelles peuvent être consommées telles quelles. Mais elles servent surtout à la fabrication des quinquinas et des vins dits d'imitation.

**Vins mousseux champagnisés.** — Les vins mousseux sont caractérisés par la présence de l'acide carbonique qu'ils contiennent en dissolution et qui provient de la fermentation. Au lieu de s'échapper au moment de sa production, comme dans la confection des vins ordinaires, le gaz reste dans le liquide. En débouchant la bouteille qui contient ce dernier, l'acide carbonique sort précipitamment en entraînant une certaine quantité de liquide et produit ce qu'on appelle *la mousse.*

On obtient les vins mousseux en mettant le moût en bouteille avant qu'il ait subi une fermentation complète. La transformation du sucre s'opérant en vase clos, le gaz reste dans la bouteille jusqu'au moment ou on la débouche.

Le vin mousseux doit renfermer, en même temps que de l'alcool et de l'acide carbonique, une certaine proportion de sucre, car cette boisson gazeuse serait beaucoup moins agréable, si elle ne conservait pas une saveur sucrée.

La quantité d'acide carbonique doit être assez élevée pour produire une mousse suffisante, mais elle ne doit pas dépasser une certaine proportion, car la pression intérieure risquerait de faire éclater les bouteilles.

C'est au fabricant de vin mousseux à déterminer le moment auquel il convient de mettre en bouteille le moût pour obtenir le produit qu'il désire.

La fabrication des vins mousseux, depuis de longues années, a pris un très grand développement en Champagne et les produits obtenus dans cette région possèdent, à juste titre, une réputation universelle, qui résulte à la fois de la qualité des raisins et de la méthode de préparation. Cette méthode a reçu le nom de *champagnisation*, on l'emploie avec succès non seulement en Champagne, mais dans d'autres régions, notamment à Saint-Péray, à Saumur, dans le Jura, la Bourgogne, à Gaillac, etc... Mais, tout en reconnaissant la bonne qualité de ces divers vins, on doit reconnaître aux vins authentiques de Champagne une supériorité incontestable.

Les vins champagnisés sont obtenus par une série de manipulations qui tiennent de la grande industrie.

On ne peut qu'indiquer les points principaux de cette fabrication.

Le vin de Champagne est fabriqué avec des raisins blancs et surtout avec des raisins rouges vinifiés en blanc.

Le moût subit sa première fermentation dans de grands tonneaux. Il est placé ensuite dans de petites futailles, dans lesquelles il reçoit une addition de tanin et d'une liqueur spéciale dite « *liqueur à vin* » ; celle-ci a pour base du bon vin blanc et renferme du sucre en dissolution.

Après avoir procédé au collage et au coupage des différents vins que l'on veut assembler, on met le vin en bouteille et on bouche soigneusement, en ayant soin d'agrafer les bouchons pour qu'ils puissent résister à la pression intérieure.

Le sucre que l'on a introduit ne tarde pas à fermenter

et produit de l'acide carbonique qui reste dans les bouteilles. Il se forme en même temps dans ces dernières un dépôt que l'on devra éliminer avant de livrer le vin. On arrive à ce résultat, en faisant subir aux bouteilles, couchées d'abord horizontalement, des déplacements successifs, jusqu'à ce qu'elles soient presque verticales avec le bouchon en bas. Le dépôt se rassemble alors au goulot, et en débouchant avec précaution, un petit jet de liquide suffit à le faire sortir. Les bouteilles sont alors rebouchées immédiatement après avoir reçu l'addition d'une nouvelle liqueur dite « *liqueur d'expédition* », qui est composée de sucre et de bon cognac. Les bouteilles sont ensuite laissées au repos pendant un certain temps. Les différents principes introduits s'harmonisent entre eux, et le liquide acquiert des qualités spéciales *(limpidité, mousse, vinosité, douceur, bouquet,* etc...), qui sont appréciés dans tous les pays du monde.

---

## SIXIÈME LEÇON

---

**Réfrigération des moûts. — Concentration des moûts et des vins. — Pasteurisation. — Collage. — Filtrage.**

### Réfrigération des moûts

Pour les levures du vin, la meilleure température de fermentation va de 20° à 35°. Au delà, les levures commencent à souffrir. Si la température monte jusqu'à 37° 5, elle peut avoir deux conséquences fâcheuses :

1º Elle arrête la fermentation, en laissant dans le liquide une certaine quantité de sucre non transformé ;

2º Elle occasionne des modifications particulières

dans la physiologie de la levure végétale qui excrète alors certaines substances qui vont modifier ou altérer la composition du vin.

Ces élévations exagérées de température sont assez rares dans le Midi de la France. Je les ai constatées pendant les vendanges de 1920, mais elles sont exceptionnelles. Il n'en est pas de même en Algérie, en Espagne et en Italie. Dans ces pays, on a donc été obligé de chercher les moyens de régulariser les températures de fermentation.

C'est surtout en Algérie que la question a été étudiée.

En 1890, M. le Commandant Toutée avait proposé d'utiliser, pour le cuvage des vendanges en régions sèches et chaudes, des récipients métalliques de 125 hectolitres environ ûe capacité, de forme cylindrique et ouverts à leur partie supérieure. Ces récipients étaient enveloppés entièrement avec des toiles que l'on imbibait d'eau à l'aide d'un pulvérisateur. L'évaporation de l'eau d'imbibition de ces toiles s'effectuait en empruntant une grande quantité de chaleur aux cuves et aux moûts en fermentation.

Ces cuves tombèrent bientôt en défaveur, surtout à cause des difficultés rencontrées pour éviter leur oxydation et pour empêcher le contact fâcheux du fer nu avec le moût et le vin. Cependant quelques viticulteurs algériens ont résolu la question. Une des installations les mieux comprises est celle de MM. Saliba et Duroux à Maison-Blanche (Alger).

Dans cette cave, toute la cuverie (dans laquelle on peut vinifier 120.000 hectolitres) est composée de cuves du système Toutée. Après de nombreux essais, M. Saliba a obtenu des résultats satisfaisants en badigeonnant l'intérieur des cuves avec de la paraffine dure (fondant à 60°-65° centigrade), fondue au bain-marie, puis appliquée au pinceau sur la tôle nettoyée et sèche. Le dépôt ainsi obtenu étant granuleux et parfois irrégulier, il était avantageux de l'égaliser en

le lissant à l'aide d'un fer à repasser chauffé vers 110°
à 130° centigrades.

Depuis quelques années, M. Saliba a obtenu aussi
une excellente protection du métal avec de l'huile de
lin cuite. En raison de la faible épaisseur de la couche
imperméable déposée à chaque application, il est nécessaire de renouveler une ou deux fois ces badigeonnages
pendant la période des vendanges, puis, de temps en
temps, pendant le reste de l'année.

M. Saliba a procédé à de nombreuses vérifications
de température à l'aide de thermomètres enregistreurs
placés, les uns en plein air à côté des cuves, les autres à
l'intérieur de ces cuves remplies de moût en fermentation.

Les thermomètres extérieurs ont donné la courbe
suivante de + 16° centigrades (vers 6 heures du matin)
à + 40° centigrades (vers midi), tandis que les thermomètres intérieurs demeuraient fixes entre 28° et 30° centigrades. La vinification s'effectuait ainsi d'une manière
parfaite, même par temps très chaud.

La réfrigération des moûts peut aussi être obtenue
à l'aide d'appareils spéciaux appelés *réfrigérants*, constitués par un assez grand nombre de tubes de cuivre,
étamés ou argentés intérieurement, parcourus par les
moûts chauds à refroidir. Ces tubes sont arrosés extérieurement à l'aide d'un courant d'eau froide. Le cuivre
étant bon conducteur de la chaleur, il se produit des
échanges de température avec l'eau d'arrosage. Les
moûts sont refroidis puis renvoyés par pompage dans les
cuves à fermentation d'où ils proviennent.

Les réfrigérants sont, en ce moment, assez délaissés
en Algérie. On reconnaît leur efficacité, mais leur emploi
nécessite un volume d'eau fraîche deux ou trois fois
supérieur à celui du moût à refroidir, et cette eau est
souvent difficile à trouver. De plus, ils ont le défaut
de s'obstruer assez vite, par suite d'importants dépôts
de tartre provoqués par le refroidissement des moûts.

Il est nécessaire de les détartrer fréquemment, et cette manipulation est toujours pénible en cours de vinification.

Au lieu d'utiliser des appareils réfrigérants coûteux et encombrants, on préfère, de nos jours, prévenir l'élévation de la température des moûts en fermentation en agissant chimiquement sur les levures alcooliques.

Plus encore que la température extérieure, c'est la fermentation trop rapide des moûts qui élève la température des cuves. Si on modère cette fermentation, on pourra maintenir dans les cuves une température convenable. C'est par l'emploi judicieux de l'acide sulfureux que ce résultat sera obtenu. Grâce à lui on pourra modifier à volonté et même suspendre entièrement, pendant un temps quelconque, l'activité des levures. En agissant ainsi on réglera la fermentation, en évitant toute exagération de température.

## Concentration des moûts et des vins

On peut concentrer les moûts par la chaleur et les vins par le froid ou la chaleur.

Les partisans de cette manipulation prétendent que ce serait la fin des crises et des méventes qui viennent souvent bouleverser le marché des vins. En opérant ainsi on pourrait obtenir un produit de composition fixe, ce qui régulariserait le marché. De plus, la concentration des vins constituant une perte de volume de 20 à 30 % le prix de transport et le montant des droits de circulation, qui sont calculés au volume, seraient ainsi diminués.

Il existe donc deux moyens de concentration.

### 1° Concentration par le froid

La concentration par le froid a été employée depuis fort longtemps en Bourgogne, sous le nom de congélation.

On choisit un terrain sans abri, ouvert au Nord, fermé au Midi par un mur de faible hauteur. Ce mur est destiné à protéger les fûts du soleil. On attend une nuit où le ciel est clair, la terre couverte de neige, et où le thermomètre est au moins à — 6°. On sort les fûts, on les place sur chantier en ligne devant le mur, en laissant un certain vide entre les tonneaux dont la capacité est de préférence d'un quart de barrique, soit 50 à 60 litres.

La congélation n'est applicable qu'à des vins de degré alcoolique moyen.

Sous l'influence du froid, une partie du vin se prend en glaçon ; on enlève la glace qui, théoriquement, ne devrait retenir que de l'eau, et on a un vin plus concentré ayant une couleur plus veloutée, une grande vivacité de goût, plus de nerf, un peu moins de bouquet.

On a, depuis, employé des procédés industriels, on a fait usage de sabotières dans lesquelles on met de la glace pilée additionnée de sel marin.

*Effet de la congélation.* — Le meilleur effet de la congélation est surtout de précipiter rapidement une masse de substances qui ne se déposent que lentement dans les vins, tartre, matière colorante, matières albuminoïdes. Il se produit un véritable collage. Au point de vue du goût, on reconnaît, en général, une amélioration certaine.

Mais il serait illusoire de croire que les ferments de maladie sont détruits.

Cette méthode a un grave défaut, elle est très chère. On doit, de plus, signaler que les glaçons ne sont pas constitués par de l'eau pure. Ils contiennent de l'alcool et on peut estimer la perte d'alcool à 2 %. Le vin concentré par congélation industrielle présente, immédiatement après l'opération, un aspect trouble. Il abandonne, après un certain temps de repos, un dépôt abondant, formé surtout de matières organiques, de tartre, de matières colorantes. Si la concentration a été poussée un peu loin, il se dépouille assez rapidement et prend, au bout de quelques mois, la teinte jaune caractéristique des vins usés.

## 2° Concentration par la chaleur

*Concentration des moûts*. — L'action oxydante de l'air, à froid, sur le moût est aussi considérable que sur le vin, si elle est moins apparente. A chaud, le pouvoir oxydant est encore augmenté, on devra donc ménager l'action de l'air sur le moût échauffé et l'éviter si possible. De plus, le chauffage à feu nu a l'inconvénient d'altérer le sucre du moût qui se colore plus fortement et prend une saveur spéciale, un goût de cuit. Il est nécessaire de brasser constamment pour éviter un commencement de caramélisation par une élévation trop élevée de la température du moût au contact des parois de la chaudière. Le moût doit donc être chauffé au bain-marie ou à la vapeur et en vase clos. Il existe plusieurs appareils répondant à ces desiderata, mais la plupart de ces appareils sont destinés à la fabrication des mistelles.

Un appareil relativement plus pratique a été construit sur les données de M. Roos qui a pensé, avec raison, que la concentration doit se faire à basse température. Elle doit donc se faire dans un vide partiel qui permet d'abaisser la température d'ébullition du moût jusqu'à une température voisine de 50° centigrades.

Par l'action combinée de la chaleur et du vide, il est possible d'obtenir une évaporation excessivement active et d'éviter les causes d'altération dues à l'action de l'air à chaud.

*Concentration des vins*. — La concentration des vins par la chaleur est une véritable distillation. Cette question a été étudiée par M. le D$^r$ Garrigou, de Toulouse, et par MM. Schribaux et Baudoin, professeurs à l'Institut Agronomique.

On distille le vin dans un vide tel que la température d'ébullition soit de 60°, jusqu'à ce que les matières fixes du vin aient atteint une consistance sirupeuse. On laisse refroidir ces matières et on y mélange le produit distillé, en maintenant pendant toutes ces manipulations le même vide.

Les appareils inventés par MM. Schribaux et Baudoin permettent de concentrer le vin à environ 50 %, un vin pesant 9° 3, peut être concentré à 17° 1.

La congélation des vins peut avoir un bon effet dans certains cas, mais je ne pourrais recommander la concentration par la chaleur. Je trouve que cette pratique est un danger, car c'est une porte ouverte à la fraude.

Je crains bien que certaines personnes recevant des vins concentrés à 16° ou 17° ne soient tentées de restituer, avec usure, à ces vins l'eau qui leur a été enlevée par l'opération et ne succombent à cette tentation[1].

## Pasteurisation

La pasteurisation a pour but d'empêcher ou d'arrêter par le chauffage le développement des ferments de maladie que contient le vin.

Conditions d'une bonne pasteurisation :

1° Les vins à chauffer doivent être aussi limpides que possible.

2° Le chauffage doit se faire à l'abri de l'air. On doit éviter de chauffer un vin qui, à la suite d'une manipulation récente, soutirage ou filtrage, a absorbé une certaine quantité d'air. Un vin chauffé au contact de l'air ou après aération a sa couleur et son goût modifiés. Il peut prendre le goût de cuit.

3° La température doit être suffisante pour tuer tous les ferments de maladie : une température de 60° maintenue pendant deux minutes est suffisante pour tuer tous les germes.

---

1. D'ailleurs la question est peu intéressante pour le moment, car la loi autorise la congélation des vins et la concentration des moûts par la chaleur au dixième seulement, elle interdit la concentration des vins par la chaleur.

4º La pasteurisation doit être effectuée au moment où le vin n'est pas encore atteint sensiblement.

La pasteurisation des vins peut être opérée en bouteilles ou en fûts. On emploie des appareils appelés pasteurisateurs.

*Pasteurisation en bouteilles.* — On chauffe au bain-marie les bouteilles pleines de vin. Les appareils utilisés doivent remplir les conditions générales suivantes :

1º La bouteille doit être placée debout, l'eau du bain-marie ne doit la baigner que jusqu'à la bague, pour éviter toute rentrée d'eau au moment du refroidissement ;

2º Le chauffage ne doit pas être direct, le pasteurisateur doit posséder un double fond pour isoler la bouteille de la paroi chauffée ;

3º L'élévation de la température doit être lente et progressive.

*Pasteurisation des vins en fûts.* — Les pasteurisateurs employés pour la pasteurisation des vins en fûts sont formés essentiellement :

1º Par un *calorisateur* où le vin, qui circule dans des tubes étamés à une vitesse constante, est chauffé au bain-marie à la température indiquée ;

2º Par un *réfrigérant* où le vin chauffé se refroidit au contact du vin qui arrive, de manière à revenir à la température initiale.

## Soins à donner aux vins pasteurisés

Les vins étant pasteurisés, il faut, autant que possible, les garantir contre toute invasion de bactéries ou ferments de maladie. Pour cela, on doit recueillir les vins pasteurisés dans des fûts parfaitement désinfectés avec de la potasse et rincés ensuite à l'eau bouillante. Les bondes et les linges de bonde qui servent au bouchage doivent également être ébouillantés. Les ouillages doivent se faire avec des vins pasteurisés. Tous les appareils qui servent à la manutention des vins pasteurisés seront soigneusement lavés.

Un vin malade, mal constitué, guéri par la pasteurisation, conserve évidemment une constitution délicate qui l'expose à une nouvelle infection, quelquefois malgré toutes les précautions. Il est bon de remédier à cette constitution par des coupages judicieux. Nous avons vu que les vins à pasteuriser doivent être aussi clairs que possible avant chauffage.

Après la pasteurisation, les vins se troublent assez souvent. Ce trouble disparaît assez rapidement. Si la clarification ne se fait pas, on procède à un léger collage *(chauffer la colle à* 60° *pour la stériliser)*.

La pasteurisation est un traitement excellent. Il est regrettable que son prix de revient ne permette pas de l'employer pour les vins communs, car dans bien des cas ce serait le seul moyen licite de préserver de la maladie des vins suspects, lorsque ces vins n'ont pas été sulfités au moment de la fermentation.

## Clarification des vins, collage et filtrage

Un vin n'est apprécié par le consommateur que s'il est brillant et limpide. Dans la plupart des cas, lorsque les vins sont bien constitués et exempts de toute maladie, la clarification s'opère naturellement.

Après le décuvage, il se produit encore, pendant quelque temps, une fermentation lente, le vin est saturé d'acide carbonique. Il abandonne lentement ce gaz qui, en se dégageant, remet en suspension les débris organiques et les particules inertes qui formeront plus tard la lie. Le vin contient plus de crème de tartre qu'il ne peut en dissoudre, mais le froid, lorsqu'il touche les vins, rompt cet équilibre instable. Les cristaux de tartre forment des lamelles cristallines qui s'agglomèrent et balayent sur leur passage toutes les matières en suspension qui tombent au fond du tonneau. Il suffit généralement de faire alors un soutirage, en séparant le vin de la lie, pour avoir un liquide clair. Il se peut, cependant, que la limpidité ne soit pas obtenue par un simple soutirage, on est obligé, dans ce cas, d'avoir recours au collage et même au filtrage.

*Effets du collage.* — Le collage non seulement éclaircit le vin, mais il entraîne dans le dépôt formé la plus grande partie des germes nocifs. On peut dire que le collage *stérilise* en partie.

Le collage produit aussi un effet chimique qui modifie le vin. La colle employée *(matière albuminoïde ou gélatineuse)* se combine avec une certaine quantité du tanin du vin qu'elle entraîne dans le dépôt formé. Elle entraîne également un peu de matière colorante et quelques autres principes, en particulier des matières odorantes. *Si le vin est d'une constitution un peu faible,* il devient alors mou après le collage, par suite de la perte de tanin, sa couleur et son bouquet sont affaiblis, il est *usé.*

*Si le vin a trop de rudesse* un bon collage enlève l'excès de tanin et atténue la rudesse.

### Etat du vin pour le collage

Pour que le collage s'effectue bien, le vin doit présenter certaines conditions :

1º *Le vin ne doit pas fermenter, même légèrement,* car les bulles d'acide carbonique, en se dégageant, empêchent la précipitation de la colle. On doit donc provoquer l'achèvement de la fermentation par l'aération et le chauffage. Dans le cas où l'on voudrait absolument faire le collage d'un vin nouveau *(vendange avariée)* contenant encore un peu de sucre, il faut arrêter complètement la fermentation, soit par le froid si on le peut, soit en employant le gaz acide sulfureux ;

2º *Le vin ne doit pas être malade,* car si le vin contient, en effet, des ferments de maladie en activité, il se dégage de fines bulles de gaz qui empêchent le collage de s'effectuer. Il faut, au préalable, guérir les vins ;

3° *Le vin doit contenir une certaine quantité de tanin.* Tout collage par les matières albuminoïdes exige pour se produire une certaine quantité de tanin. Les vins rouges contiennent, en général, assez de tanin, mais il n'en est pas de même pour les vins blancs et même pour les vins rouges provenant de vendanges avariées. Dans ce cas, la colle se coagule mal, le vin prend un aspect laiteux. Il faut donc, avant l'opération, ajouter au liquide une quantité de tanin correspondant à la colle utilisée. Ces quantités sont, *pour les blancs d'œuf :* 2 grammes de tanin par blanc d'œuf ; *pour la gélatine :* 8 décigrammes de tanin par gramme de gélatine ; *pour la colle de poisson :* de 5 à 8 décigrammes par gramme de colle sèche.

Pour faire un bon collage, il faut opérer de préférence par un temps froid et sec, avec une pression barométrique élevée.

**Mode d'opération.** — On enlève du fût contenant le vin à coller, une certaine quantité de liquide pour introduire la colle sans aucune perte. On verse la colle préparée dans le fût et on brasse vigoureusement à l'aide d'un fouet spécial ou d'un bâton percé de trous. Pour les foudres, le mélange se fait à la pompe. Le fût est ensuite entièrement rempli, et on laisse en repos pendant huit ou dix jours.

### Substances employées pour le collage des vins

| | | |
|---|---|---|
| substances albuminoïdes formant avec le tanin une | le blanc d'œuf<br>le sang<br>le lait | ces substances se coagulent et se précipitent sous l'action de l'alcool, des acides et du tanin et entraînent les matières en suspension |
| matière insoluble | la gélatine<br>la colle de poisson | ces matières sont précipitées surtout par le tanin |
| substances agissant mécaniquement par leur chute | le papier<br>le sable<br>le kaolin | ces matières agissent mécaniquement, en tombant au fond du tonneau elles entraînent les matières en suspension. |

**Blanc d'œuf.** — On emploie 2 ou 3 blancs d'œufs par hectolitre, on ajoute un peu de sel de cuisine, on bat le tout pour l'amener presque à l'état de neige, on le verse dans le fût, on fouette vigoureusement. Le liquide est laissé en repos huit à dix jours.

**Le sang.** — Le sang renferme 60 à 70 grammes d'albumine par litre, c'est cette albumine qui est la substance clarifiante. Le sang frais s'emploie à la dose de 1 décil. à 1 décil. ½ par hecto. On le bat avec deux fois son volume d'eau salée et on l'emploie. Dans le commerce, on trouve de *l'albumine de sang desséchée*, en poudre sous la forme de petites écailles brunes.

Cette albumine du sang desséchée donne des collages plus énergiques que l'albumine d'œuf ou la caséine. On peut l'employer pour les vins rouges difficiles à clarifier.

**Le lait.** — Le lait renferme 35 grammes de caséine par litre, c'est la substance clarifiante. On emploie le lait écrémé ou non, à la dose de 2 ou 3 décilitres par hectolitre. On le verse dans le vin et on fouette le mélange. Il a l'inconvénient de laisser dans le vin un peu de sucre fermentescible qui peut le troubler.

**La gélatine.** — Un des meilleurs clarifiants. Elle se prépare avec les os, cartilages, tendons et peaux de différents animaux. On la vend dans le commerce sous la forme de plaquettes ou de feuilles. La dose est de 10 à 15 grammes par hecto.

*Préparation.* — Laisser dégorger la gélatine 12 heures dans de l'eau froide, pour qu'elle abandonne tous les produits odorants qui pourraient communiquer un goût au vin. On jette ensuite l'eau qui a déjà servi, on verse de l'eau sur cette colle et on chauffe à feu doux ou mieux au bain-marie en agitant constamment.

*Mode d'emploi.* — On mélange la solution avec 5 ou 6 litres de vin et on jette le tout dans le tonneau en agitant convenablement.

**Colle de poisson**. — C'est la meilleure colle pour les vins blancs, mais elle est chère et sa préparation un peu minutieuse. La colle de poisson est faite avec la membrane interne de la vessie natatoire de l'esturgeon. Elle se présente en feuilles.

*Mode de préparation*. — On déchire les feuilles avec un couteau, les fragments sont lavés et laissés pendant une demi-heure dans l'eau pour les laisser dégorger. On les met ensuite dans vingt fois leur poids d'eau et on chauffe au bain-marie à la température de 40° pendant six heures. On passe la solution chaude à travers un tamis, les fragments non liquéfiés sont repris, écrasés au pilon et chauffés à nouveau au bain-marie.

*Mode d'emploi*. — Comme pour la gélatine.

**Kaolin**. — On emploie le kaolin sous forme de bouillie ; 500 grammes de kaolin dans 1 litre d'eau par hectolitre de vin. On agite énergiquement plusieurs fois.

Ce procédé a deux inconvénients : 1° il faut attendre plus d'un mois pour une clarification complète ; 2° si le kaolin a des traces de fer, ce corps par combinaison avec le tanin forme un précipité noir qui peut plomber ou bleuir le vin.

**Sable**. — Il faut employer un sable siliceux et non calcaire ; la dose à employer est de 500 grammes à 1 kilog. par hectolitre de vin. Le sable peut lui aussi contenir des traces de fer.

**Le papier**. — On emploie du papier non collé, lavé plusieurs fois et séché pour ne pas donner au vin un goût de papier. La dose est de 2 ou 3 feuilles par hecto. Si le récipient le permet on étend les feuilles à la surface du liquide pour qu'elles s'enfoncent en filtrant. Si le récipient ne permet pas d'opérer ainsi, on réduit le papier en pâte avec de l'eau et on l'ajoute au vin.

Ces trois derniers modes de collage sont très peu employés.

## Le filtrage

*Le filtrage*, comme le collage, a pour but de clarifier les vins en les dépouillant des substances en suspension.

Le filtrage est une opération toute mécanique qui consiste à faire passer le liquide trouble à travers une paroi poreuse qui retient les éléments solides et une grande partie des ferments de maladie. Par conséquent il clarifie et stérilise en partie.

Les substances filtrantes employées sont : *les tissus, le papier, la pâte de cellulose, l'amiante, les pâtes cuites* rappelant la porcelaine. Ces différents produits forment dans les filtres une paroi imperméable aux substances en suspension dans le vin.

Au bout d'un certain temps d'emploi, le pouvoir filtrant diminue; il faut, pour le renouveler, enlever les matières qui encrassent la paroi filtrante.

Le filtrage stérilise beaucoup mieux les vins que le collage, il est plus rapide. Il ne change presque pas la constitution du liquide, surtout lorsqu'il se fait à l'abri de l'air.

### Principaux types de filtres

On peut diviser les filtres en trois catégories :

| | | |
|---|---|---|
| les filtres à tissu | *filtrant à l'air libre* | *filtre à manche ordinaire* |
| | *filtrant à l'abri de l'air* | *filtres formés par des manches renfermées dans des récipients hermétiquement clos* |
| les filtres dits à cellulose | *filtres à feuilles de papier*<br>*filtres à pâte de cellulose ou d'amiante* | |
| les filtres à matière minérale | *filtres à bougies d'après le principe du filtre Chamberland* | |

# SEPTIÈME LEÇON

**Soins à donner aux vins faits. — Maladies des vins. — Appréciation des vins. — Dégustation. — Coupage des vins.**

Un vin bien vinifié n'a besoin, pour-acquérir une limpidité parfaite et conserver sa bonne constitution, que de soutirages effectués en temps opportun et d'ouillages répétés aussi souvent que cela sera nécessaire.

Le nombre de soutirages que doit subir un vin ne saurait être déterminé *a priori*, non plus que la manière dont ces soutirages doivent être effectués, à *l'air* ou *à l'abri de l'air*. Cela dépend de la constitution du vin et de sa destination. Les soutirages devront être plus ou moins nombreux et l'aération plus ou moins intense, suivant qu'on vise à un vieillissement plus ou moins hâtif.

Le soutirage est une décantation, destinée à séparer le vin clair de sa lie. Un soutirage pratiqué quinze jours après le décuvage sépare bien le vin de ses grosses lies, mais ne donne pas un vin d'une limpidité irréprochable. Cela tient à ce que le vin, saturé d'acide carbonique, abandonne lentement ce gaz qui, en se dégageant, remet en suspension les particules les plus légères de la la lie.

Souvent même, s'il s'agit de moûts riches en sucre et qui en ont conservé une petite quantité au décuvage, une fermentation lente s'établit pendant plusieurs semaines, de sorte que, soutirée à peu près clair une première fois, le vin se montre de nouveau louche peu de temps après ce soutirage.

Le froid de l'hiver paralyse les divers ferments et en

provoque le dépôt au fond des vases vinaires, amenant, par suite, la limpidité du liquide surnageant.

C'est donc lorsque le vin, par l'action plus ou moins prolongée du froid, a acquis une limpidité parfaite, qu'il convient de procéder au soutirage. Dans le Midi, ce moment correspond habituellement à la fin du mois de décembre et au commencement de janvier.

Pour procéder au soutirage, il faut choisir un beau temps et une journée où le baromètre est élevé.

Le vin, longtemps après le décuvage, est encore saturé d'acide carbonique. Il reste immobile lorsque la pression atmosphérique est élevée ; mais il n'en est pas de même pour une journée orageuse correspondant à une basse pression. Ces jours-là on observera un dégagement gazeux plus ou moins rapide, et cela ne s'opère pas sans amener un certain trouble dans le liquide.

Il va sans dire que l'entonnage des vins soutirés ne doit se faire que dans des foudres rigoureusement propres et toujours assainis par un fort soufrage. Avant l'entonnage on ouvre le foudre pour établir un courant d'air et pour l'aérer ; car pour assainir une futaille, il faut que le soufrage soit fait à haute dose, dose qui nuirait au vin s'il absorbait tout l'acide sulfureux formé.

Cependant, s'il ne faut pas introduire tant d'acide sulfureux dans un vin de soutirage, on ne doit pas croire qu'il n'en faille pas du tout. Le soufre a toujours sur tous les vins, blancs et rouges, l'action la plus heureuse.

S'il faut, par l'établissement d'un bon courant d'air, purger la futaille de tout le soufre employé pour l'assainir, il sera toujours bon de brûler, avant le remplissage et pour faire absorber au vin, une petite quantité de soufre que l'on peut fixer à 1 gramme par hectolitre.

*Toutes les fois qu'un vin ne sera pas parfaitement limpide, brillant, quelques jours après ce soutirage de janvier, c'est qu'il sera malade.*

## Maladies et Défauts des vins

Ce chapitre sera court et ne devrait pas être utile. Il ne devrait pas exister de vins ayant des défauts ou des maladies.

Chaque fois qu'un vinificateur constate dans son choix un vin défectueux, il doit faire humblement son « *mea culpa* » et n'accuser que son ignorance ou sa négligence et son insouciance.

On produira toujours un vin loyal et marchand, bon et agréable à boire :

Si on donne des soins méticuleux à la futaille.

Si on pratique une vinification rationnelle.

Si on prend la peine d'analyser tous les jours ses moûts.

Si on leur fait un apport judicieux des éléments qui y sont en quantité insuffisante. (*Les matières dont la loi autorise l'emploi suffisent à corriger les moûts qui laissent à désirer.*)

Quoiqu'il en soit, on est obligé de constater qu'il existe des vins défectueux.

Le Règlement d'Administration publique du 3 septembre 1907 considère comme *frauduleuses les pratiques et manipulations qui ont pour objet de diminuer et de masquer les altérations du vin.*

Ceci ne concerne que les vins destinés à la vente.

Nous diviserons les diverses imperfections du vin en trois catégories :

*Les défauts naturels* qui résultent d'une composition anormale de la vendange.

*Les défauts accidentels* communiqués par les futailles mal soignées.

*Les maladies proprement dites*, qui sont dues à des bactéries qui vivent et se multiplient aux dépens du vin en le décomposant.

**Défauts naturels**. — Lorsqu'un vin a été fait avec

une vendange anormale et qu'il a été mal vinifié, il peut :

1º être âpre et vert ;

2º être sujet à la casse.

*Apreté et verdeur*. — Ces défauts sont dûs à l'excès des principes acides dans le vin. On prévient ces imperfections par l'égrappage, le cuvage rapide et l'addition de sucre à la cuve dans les limites permises par la loi.

Les remèdes curatifs sont des soutirages fréquents, et surtout d'énergiques collages, particulièrement lorsque l'excès d'acidité est due à l'acide tannique.

Mais le meilleur remède est de couper un vin trop vert avec un vin plat. Les deux défauts se neutralisent mutuellement.

**Casse.** — On désigne sous le nom de casse, un trouble qui se manifeste dans un vin, lorsqu'on le soumet à l'influence de l'air, et qui change sa couleur. On distingue deux sortes de casse, la casse bleue et la casse brune, déterminées par des causes bien distinctes.

*La casse bleue*, caractérisée par la couleur noir bleuacé que prennent le vin trouble et le dépôt qui se forme sous l'influence de l'air, est causée par le manque d'acidité.

*La casse brune*, caractérisée par un dépôt brunâtre qui se produit dans le vin exposé à l'air, est due à la pourriture grise *(Botrytis cinerea)* qui se développe sur les fruits.

Ces maladies ne sont pas guérissables, une fois déclarées, mais faciles à prévenir ; pour la première en acidifiant la vendange, lorsque le moût manque d'acidité, et pour la seconde en employant l'acide sulfureux à la dose de 15 à 20 grammes par hectolitre, lorsque la vendange est pourrie.

**Défauts accidentels.** — Ces défauts sont communiqués au vin par les futailles avariées dans lesquelles on le loge.

Ces altérations se déclarent aussitôt que le vin est introduit dans le tonneau gâté : elles n'amènent aucun changement sensible dans la constitution générale du liquide : mais celui-ci est fortement déprécié et devient détestable.

a) *Goût de moisi*. Les tonneaux, qui ne sont pas soignés régulièrement, contractent assez vite le goût de moisi. Ce mauvais goût se communique facilement au vin dont on les remplit et il s'accentue d'autant plus que le vin reste plus longtemps dans le tonneau.

Pour lutter contre ce défaut, le *moyen préventif* est de maintenir dans les tonneaux vides une atmosphère chargée d'acide sulfureux en y faisant brûler du soufre à raison de 5 grammes par hectolitre de contenance. Ce soufrage doit être renouvelé tous les mois. Comme *moyens curatifs* on peut employer pour enlever au vin le goût de moisi soit de l'huile végétale soit de la farine de moutarde.

*Traitement à l'huile*. — Les huiles végétales ont un grand pouvoir d'absorption des goûts. Il ne faut se servir naturellement que des huiles neutres. L'huile d'olive est parfois trop fruitée, l'huile de coton est préférable par sa neutralité et son bon marché relatif.

*Manière d'opérer*. — On fait une émulsion : dans une bonbonne de cinq litres on verse un litre d'eau, 50 grammes de gomme arabique et de l'huile, on agite fortement pour avoir une émulsion que l'on étend de trois ou quatre fois son volume de vin, et on verse dans le fût, on fouette le liquide.

La quantité d'huile à employer varie suivant l'intensité du goût à faire disparaître et peut aller de 250 centilitres à 1 litre par hectolitre de vin à traiter.

*Traitement à la farine de moutarde*. — Ce traitement est plus efficace et plus pratique. On délaye de la farine de moutarde dans de l'eau bouillante pendant une demi-heure, on laisse reposer et on enlève l'eau qui surnage. On délaye la farine de moutarde qui reste, avec un peu de vin (à raison de 30 grammes par hecto et au-dessus suivant l'intensité du goût à enlever). On ajoute ce mélange au vin à traiter, ou le fouette quatre ou cinq fois dans la journée, on laisse reposer le liquide, on soutire et on colle.

b) *Goût de fût, de lie et de sec.* Ces défauts ont les mêmes causes que le précédent, (futailles mal soignées). Les remèdes palliatifs sont les mêmes.

**Maladies proprement dites**. — Ces maladies sont produites par des ferments, *des bactéries*, qui modifient profondément la composition du liquide dans lequel ils se développent.

Ces maladies sont assez nombreuses ; on peut noter.

a) *Fleurs du vin.* — Les productions blanchâtres que l'on rencontre quelquefois à la surface du vin et que l'on appelle « fleurs du vin » ne sont autre chose qu'une multitude de petits champignons « *le Myco-derma vini* » qui vivent aux dépens de l'air et de l'alcool du vin : ils transforment cet alcool en eau.

Il se produit la réaction suivante :

$$C^2H^6O \quad + \quad 6O \quad = \quad 2\,CO^2 \quad + \quad 3\,H^2O$$

alcool     oxygène    acide carbonique    eau

Le Mycoderma vini communique au vin le goût *d'évent ;* mais cette altération est peu grave et il est facile d'y remédier. Le traitement consiste à supprimer les causes qui la déterminent, c'est-à-dire éviter le contact de l'air dans le vin. En tenant celui-ci bien ouillé et bien bouché, on prévient les fleurs ; lorsqu'elles existent, il faut les enlever en faisant dégorger le liquide. Quand on doit laisser un tonneau en vidange, on peut éviter le développement des fleurs en faisant brûler du soufre dans le vide au-dessus du liquide.

b) *Acescence.* — Cette maladie, connue aussi sous les noms *d'aigreur, goût d'aigre* et *piqûre,* résulte de la présence en quantité considérable d'acide acétique ou vinaigre dans le vin.

Cette maladie, beaucoup plus redoutable que la précédente, est produite par un ferment spécial, « *le Mycoderma aceti* », qui, comme le Mycoderma vini, se développe aux dépens de l'air et de l'alcool du vin ; il transforme cet alcool en acide acétique.

Il se produit la réaction suivante :

$$C^2H^6O \quad + \quad 2O \quad = \quad C^2H^4O^2 \quad + \quad H^2O$$
$$\text{alcool} \qquad \text{oxygène} \quad \text{acide acétique} \qquad \text{eau}$$

Le ferment acétique se multiplie de préférence dans les vins faibles, sous l'action d'une température élevée et surtout lorsque les tonneaux sont laissés en vidange.

Il vaut mieux prévenir cette maladie, car elle est inguérissable. On arrive à ce résultat en évitant le contact de l'air sur le chapeau de marc pendant le cuvage, car ce chapeau s'aigrit facilement, et après le décuvage, en ouillant souvent les futailles.

Si la maladie commence à se déclarer, et que l'on veuille utiliser le vin pour sa consommation personnelle, on peut le rendre potable, mais pour peu de temps seulement, en employant de la poudre de marbre ou de la craie. La dose à employer est déterminée par plusieurs essais.

La poudre de marbre neutralise l'acide acétique déjà formé, mais comme le mycoderme n'est pas tué, il continue à produire de l'acide acétique et au bout de quelques jours le vin est de nouveau piqué.

Si le vin contient déjà plus de 1 gramme d'acide acétique par litre, il est inutile d'essayer de le traiter. Il est préférable de convertir le vin en vinaigre ou de le vendre pour cette fabrication.

c) *Amertume*. — L'amertume est spéciale aux vins de certaines régions ; ceux de Bourgogne y sont particulièrement sujets. Elle se manifeste d'abord par une saveur fade qui devient amère au bout de peu de temps. La matière colorante finit aussi par s'altérer et se dépose au fond du vase.

Cette altération est due à une mauvaise vinification et à la pauvreté du vin en alcool et en acides.

Elle est causée par un ferment formé de filaments branchus, noueux, enchevêtrés les uns dans les autres.

Aussitôt que les premiers symptômes de cette maladie commencent à se manifester, on peut essayer d'arrêter son développement trop rapide par un méchage suivi d'un fort collage.

On peut prévenir l'amertume dans les vins suspects par la pasteurisation.

d) *Maladies de la tourne et de la pousse.* — On peut réunir ces deux maladies à cause des analogies de leurs causes, de leurs effets et des bactéries qui les produisent.

*La pousse* est caractérisée surtout par une production intense d'acide carbonique qui n'existe pas dans la *tourne.*

Ces maladies sont dues à des bactéries ayant la forme de bâtonnets très-minces, plus ou moins longs, suivant l'âge de la maladie. Elles se développent très facilement dans les vins provenant de vendanges mildiousées.

*Le vin atteint de la tourne* se trouble, la couleur se fonce.

*Le vin atteint de la pousse* se trouble également, puis laisse échapper de l'acide carbonique. Si les tonneaux sont hermétiquement fermés, la pression intérieure qui se produit peut faire sauter la bonde ou même faire éclater le tonneau. Plus la température est élevée, mieux les bactéries de la tourne et de la pousse se développent. On est à peu près certain de ne pas avoir de ces maladies si la température de la cave ne dépasse pas 12°. Moins les vins sont acides, plus ils tournent facilement.

**Traitement.** *Traitement préventif.* — Si l'on a des vins sujets à la tourne ou à la pousse, il faut veiller à ce que la fermentation soit complète et on porte l'acidité à 9 ou 10 grammes par litre (exprimée en acide tartrique).

*Traitement curatif.* — Le seul traitement autorisé par la loi est le chauffage (pasteurisation) qui détruit les bactéries[1].

e) *Maladie de la graisse.* — Cette maladie est caractérisée par la production de matières huileuses et mucilagineuses qui se portent à la surface du vin. Le vin atteint de la graisse devient filant, graisseux et coule comme de l'huile.

*Cause.* — La graisse est due à des bactéries constituées par de très petits globules disposés en chapelets et qui se développent surtout dans les vins manquant de tanin.

**Traitement.** 1º *Traitement préventif.* — Les vins blancs manquent généralement de tanin et, dans ce cas, sont atteints assez fréquemment par la graisse. En règle générale, on devrait taniser tous les vins blancs à raison de 4 à 5 grammes par hectolitre.

2º *Traitement curatif.* — On commence à battre le vin, puis on ajoute une dissolution alcoolique de tanin (15 à 20 grammes de tanin par hectolitre dissous dans un peu d'alcool). Au bout de huit jours on colle et huit jours après on soutire.

La pasteurisation est encore un remède excellent. On ajoute 5 grammes de tanin par hectolitre, on colle, on filtre et on pasteurise.

f) *Mannite.* — On n'observe cette maladie que dans les pays chauds. Lorsque la température de fermentation monte à 38 ou 40 degrés, les levures cessent de travailler et un ferment (*le ferment mannitique*) apparaît. Il a la forme d'un bâtonnet comme celui de la tourne mais est plus petit que ce dernier.

Ce ferment transforme le sucre du raisin en acide acétique, en acide lactique, en acide carbonique et en *mannite*, qui est une substance sucrée non fermentescible.

---

1. Mais on ne peut employer ce traitement que si la quantité d'acide volatil n'excède pas 1 gramme 75 par litre.

Le vin atteint de mannite est à la fois aigre et doux.

**Traitement**. — Le traitement préventif consiste à rafraîchir les moûts pendant la fermentation de manière à ce que la température ne s'élève jamais au delà de 35°.

Il n'existe pas de traitement curatif.

## Appréciation des vins. — Dégustation

La valeur d'un vin est due à ses éléments constituants, dont le plus essentiel pour les vins de consommation courante est l'alcool : aussi la plupart de ces vins se vendent-ils en gros au degré, la couleur, bouquet, sapidité ne comptant que pour une valeur secondaire.

Au contraire, pour les vins de cru, les bouquets et saveurs caractéristiques du cru donnent aux vins leur valeur principale.

Pendant longtemps, on n'a eu pour apprécier le vin que son étude par nos organes des sens, c'est-à-dire, la *dégustation*, en employant ce mot dans le sens le plus large.

Les progrès des sciences physiques, de la chimie en particulier, en établissant la nature et les propriétés des corps qui constituent les vins, ont conduit à l'emploi des appareils et des procédés de laboratoire qui permettent d'en faire une étude complète, en un mot, *à l'analyse chimique*.

Il est rare qu'un viticulteur ait besoin d'une analyse complète de ses vins. Si ce cas se présente, comme la plupart des vignerons n'ont pas des connaissances chimiques suffisantes et un laboratoire assez bien outillé pour pratiquer cette opération, il est plus pratique de s'adresser à un chimiste.

Mais il me semble que tout viticulteur, qui s'intéresse à son métier, devrait savoir déterminer au moins trois éléments du vin, les plus importants : l'alcool, l'acidité, l'extrait sec.

On construit des appareils très simples qui permettent de mesurer assez exactement ces trois éléments.

**Détermination de l'alcool.** — Pour déterminer le degré alcoolique d'un vin, la méthode *ébullioscopique* suffit, elle donne une approximation suffisante, puisque le résultat ne diffère que de deux dixièmes de degré, au plus, du résultat obtenu par *distillation*, méthode rigoureuse qui est la méthode officielle et légale.

La méthode ébullioscopique est basée sur la température d'ébullition des liquides.

*Sous une pression donnée un liquide bout toujours à la même température. Si on la compare à la température d'ébullition de l'eau, celle d'un liquide contenant de l'alcool sera d'autant plus basse que le liquide contiendra plus d'alcool.*

D'après ce principe on a construit plusieurs appareils dont les plus pratiques sont l'*Ebullioscope* Malligand et l'*Ebulliomètre* Salleron-Dujardin.

L'Ebullioscope Malligand se compose essentiellement :

1° D'une chaudière tronconique en cuivre, chauffée par une lampe à alcool.

2° D'un bouchon fileté en cuivre qui supporte un thermomètre coudé, le long duquel se trouve une règle graduée, mobile.

3° D'un réfrigérant.

La température d'ébullition variant suivant la pression, il est nécessaire, avant chaque opération, de faire le *point d'eau.*

On met de l'eau dans la chaudière, et lorsque cette eau est portée à l'ébullition, on fait coïncider le zéro de la règle avec le point où s'est arrêtée la colonne de mercure du thermomètre.

L'appareil une fois réglé, on peut faire des pesées de vin tant que la pression barométrique reste la même. Si elle varie, il faut refaire le point d'eau.

Pour avoir le degré alcoolique d'un vin, on en met une certaine quantité dans la chaudière, lorsque l'ébullition se produit, on n'a qu'à lire sur la règle la graduation à laquelle s'est arrêtée la colonne de mercure.

*Ebulliomètre Salleron-Dujardin.*

Cet appareil comporte quatre parties :

Une chaudière ;

Un réfrigérant ;

Un thermomètre.

Une règle spéciale Dujardin-Salleron.

Le chauffage se fait comme pour l'appareil précédent par un thermosiphon. Le thermomètre est vertical et gradué en dixièmes de degré. Il est fixé sur la chaudière par un bouchon de caoutchouc.

### Mode d'emploi.

Il comporte aussi deux phases :

1° La détermination du point d'eau ;

2° L'essai du vin.

### 1° Détermination du point d'eau

*a*) On verse dans la chaudière 15 c. c. d'eau environ, on dispose le thermomètre et on allume la lampe ;

*b*) Dès que l'ébullition de l'eau se produit, on voit le mercure demeurer stable en face d'une des indications de l'échelle des températures gravée sur le verre. Soit $t$ le degré lu.

On note cette température.

*c*) On prend alors la *règle spéciale Dujardin-Salleron* et on cherche sur l'échelle thermométrique du milieu le degré $t$ que l'on vient de lire. On fait glisser cette échelle mobile en desserrant l'écrou fixateur et on amène le degré $t$ en face du zéro de l'échelle alcoométrique. On serre fortement l'écrou.

L'instrument est réglé.

### 2° Essai du vin

(*a*) On vide la chaudière en ouvrant le robinet et on la rince plusieurs fois avec un peu de vin à peser.

(*b*) On verse dans la chaudière 50 c. c. de ce vin.

(*c*) On dispose le thermomètre et le réfrigérant plein d'eau froide, puis on allume la lampe.

*d*) On voit le mercure du thermomètre s'élever peu à peu, puis devenir stationnaire. A ce moment, on lit en regard de l'extrémité de la colonne de mercure le degré *t'* de température d'ébullition du vin. On note ce degré *t'*.

*e*) On reprend la règle spéciale Dujardin-Salleron et on cherche sur l'échelle thermométrique le degré de température *t'* que l'on vient de lire : *le chiffre qui se trouve en face, et à droite sur l'échelle alcoométrique fixe, indique le degré alcoolique du vin analysé.*

## Comparaison entre l'ébullioscope Malligand et l'ébulliomètre Salleron-Dujardin

*L'Ebulliomètre Salleron-Dujardin* présente sur *l'Ebullioscope Malligand* les avantages suivants :

1º Il est plus sensible et permet d'évaluer la richesse alcoolique des vins par comparaison avec les indications d'un étalon : *l'alcoomètre légal, contrôlé par l'Etat.*

2º Toutes ses pièces sont interchangeables, et la plus délicate, *le thermomètre*, peut être remplacée sans difficulté.

Si on casse le thermomètre d'un Malligand, il est indispensable d'envoyer l'appareil tout entier au constructeur, seul capable de faire la réparation et d'établir une règle graduée satisfaisante pour le nouveau thermomètre adapté.

3º L'échelle alcoométrique Salleron-Dujardin est graduée en dixième de degré. Il est beaucoup plus facile d'y lire les dixièmes, que l'on ne peut qu'évaluer sur la règle Malligand qui est graduée en degré et demi-degré seulement.

### Dégustation

Il est indispensable qu'un viticulteur soit capable de déguster un vin, d'en apprécier les qualités et de savoir en reconnaître les défauts.

On entend par dégustation l'art d'apprécier le vin non seulement par l'organe du goût, mais encore par tous nos organes des sens.

Elle comprend, par suite, l'observation des vins : 1° par la vue ; 2° par l'odorat ; 3° par le goût.

*Examen du vin par la vue.* — Par la vue on apprécie la limpidité, c'est-à-dire la présence ou l'absence des matières solides en suspension, et la couleur.

On ne peut apprécier la couleur d'un vin que s'il est parfaitement limpide.

L'appréciation de la limpidité se fait dans un verre mince et bien rincé.

L'appréciation de la couleur peut se faire à la tasse ou au verre pour les vins blancs, et à la tasse d'argent pour les vins rouges.

*Examen du vin par l'odorat.* — L'odeur du vin est donnée par l'ensemble des substances volatiles : par suite, plus un vin est chaud, plus il a de bouquet, parce qu'il émet plus de vapeurs. L'agitation dans le verre, avec incorporation d'air et formation d'écume, favorise également le dégagement des vapeurs.

Le meilleur vase pour percevoir l'odeur, est un verre conique allongé, à ouverture rétrécie qui resserre le courant d'air, chargé de vapeurs, légèrement aspiré par le nez.

Le verre à dégustation Salleron donne toute satisfaction à ce point de vue.

*Examen du vin par la bouche.* — Ce n'est pas le palais, mais bien la langue qui perçoit les saveurs, et encore certaines parties de la langue.

Néanmoins le tanin et l'acide carbonique qui provoquent plutôt des impressions mécaniques, se perçoivent par toute la muqueuse de la bouche. C'est la base de la langue qui apprécie le mieux les saveurs, pourtant c'est la pointe qui sent le mieux l'acidité. Pour bien sentir les saveurs, il faut humecter toutes les parties de la bouche, d'où la nécessité d'une quantité suffisante de liquide.

Les vins blancs sont mieux appréciés quand ils sont froids, *mais non glacés.*

Les vins rouges demandent une température de 16 à 20 degrés. Le meilleur moment pour déguster est le matin, il faut être à jeun et ne pas avoir encore fumé.

## Coupages

*Le coupage est une opération parfaitement licite, qui consiste à mélanger deux ou plusieurs vins pour les améliorer et obtenir un type de vin qui plaise à la clientèle.*

Cette opération est surtout pratiquée par les négociants en vins, mais, exceptionnellement, le propriétaire viticulteur peut avoir intérêt à procéder au coupage de certains de ses vins, de façon à pouvoir présenter à l'acheteur une cave homogène.

Il peut, par exemple, couper un vin trop vert avec un vin riche en alcool et en couleur, mais manquant d'acidité ; un vin peu corsé, peu coloré est renforcé et amélioré par un coupage avec un autre vin ayant beaucoup de corps et de couleur.

Pour faire des coupages dans de bonnes conditions, il faut choisir des vins *sains* susceptibles de bien se *marier* ensemble, c'est-à-dire ayant des caractères qui s'harmonisent, qui se complètent les uns par les autres.

Mais on ne doit jamais oublier que, si le mélange de deux ou plusieurs vins *sains* ayant des défauts opposés donne toujours un composé supérieur de qualité à chacun des vins composant le mélange, le coupage d'un vin *malade*, même avec un très bon vin, ne l'améliorera pas et le seul résultat obtenu sera la communication de la maladie au bon vin.

Pour préparer un coupage, on se sert d'une éprouvette graduée. On fait plusieurs essais avec des quantités différentes des vins que l'on veut mélanger. On pèse, on déguste et on fait l'analyse des résultats de chaque essai. On détermine ainsi dans quelles proportions doit se faire le coupage.

# APPENDICE

Il m'a semblé utile de réunir dans cette appendice les articles de la loi du 20 juin 1907 concernant la déclaration de récolte et le décret pour l'application de la loi du 1er août 1905 sur la répression des fraudes en ce qui concerne les vins et les vins mousseux.

- Ce décret fixe les caractères du vin loyal et marchand, il indique nettement quelles sont les manipulations licites, les matières dont l'addition au vin est permise, et quelles sont les manœuvres qui sont considérées comme frauduleuses, les produits dont l'addition au vin ou au moût est considérée comme illicite.

Il est bon que le vigneron ait toujours ces prescriptions sous les yeux.

## Législation viticole et vinicole

### 1° Récolte (*loi du* 20 *juin* 1907)

ARTICLE PREMIER. — Chaque année, après la récolte, tout propriétaire, fermier, métayer, récoltant le vin, devra déclarer à la Mairie de la commune où il fait son vin :

1° La superficie des vignes en production qu'il possède ou exploite ;

2° La quantité totale de vin produit et celle des stocks antérieurs restant dans ses caves ;

3° S'il y a lieu, le volume ou le poids des vendanges fraîches qu'il aura expédiées ou le volume ou le poids de celles qu'il aura reçues ;

4° S'il y a lieu, la quantité de moût qu'il aura expédiée ou reçue.

Ces déclarations seront inscrites sous le nom du déclarant sur un registre restant à la Mairie et qui devra être communiqué à tout requérant. Elles seront signées par le déclarant sur le registre. Il en sera donné récépissé.

Copie sera transmise par les soins de la Mairie au receveur buraliste de la localité qui ne pourra délivrer au nom du déclarant de titres de mouvement pour une quantité de vins supérieure à la quantité déclarée.

Le relevé nominatif des déclarations sera affiché à la porte de la Mairie.

Dès le début de la récolte, au fur et à mesure des nécessités de la vente, des déclarations partielles pourront être faites dans les conditions précédentes, sauf l'affichage qui n'aura lieu qu'après la déclaration totale.

Dans chaque département, le délai dans lequel devront être faites les déclarations sera fixé annuellement, à une époque aussi rapprochée que possible de la fin des vendanges, par le Préfet, après avis du Conseil Général.

Toute déclaration frauduleuse sera punie d'une amende de 100 à 1.000 fr.

ART. 2. — Toute personne recevant des moûts ou des vendanges fraîches sera assimilée au propriétaire récoltant et tenue à la déclaration dans les trois jours de la réception et aux autres obligations de l'article 1er.

Toute déclaration frauduleuse sera punie des mêmes peines.

ART. 3. — L'article 8 de la loi du 6 août 1905 est modifié ainsi qu'il suit :

Tout expéditeur de marcs de raisins, de lies sèches et de levures alcooliques sera tenu de se munir à la recette buraliste la plus proche d'un passavant de dix centimes indiquant le poids expédié et l'adresse du destinataire.

## Décret pour l'application de la loi du 1er août 1905 sur la répression des fraudes dans la vente des marchandises et des falsifications des denrées alimentaires et des produits agricoles, en ce qui concerne les vins et les vins mousseux.

### Titre Premier

### Vins

*Article premier*

Aucune boisson ne peut être détenue ou transportée en vue de la vente, mise en vente ou vendue sous le nom de « vin » que si elle provient exclusivement de la fermentation du raisin frais ou du jus de raisin frais.

La dénomination de « vin doux » peut être employée pour désigner le moût de raisin frais en cours de fermentation destiné à la consommation.

Ne peuvent être considérés comme vin propre à la consommation :

Le liquide obtenu par surpressurage de marcs ayant déjà produit la quantité de vin habituellement obtenue par pressurage suivant les usages locaux, loyaux et constants ;

Les vins atteints d'acescence simple ayant une acidité volatile :

1º Supérieure à 2 gr. 50 par litre exprimée en acide sulfurique ;

2º Supérieure à 2 grammes seulement, mais présentant nettement à la dégustation les caractères des vins piqués, bien que les éléments constitutifs ne soient pas sensiblement modifiés et que leur aspect soit resté normal.

Les vins atteints d'autres maladies, avec ou sans acescence, dont l'aspect et le goût sont anormaux et caractérisés :

soit par une teneur en acide tartrique total, exprimé en bitartrate de potassium, inférieure à 0 gr. 500 par litre,

soit par la présence de deux au moins des trois caractères suivants :

— acidité volatile supérieure à 1 gr. 75 par litre, exprimée en acide sulfurique ;

— teneur en acide tartrique total exprimée en bitartrate de potassium, inférieure à 1 gr. 25 par litre ;

— teneur en ammoniaque supérieure à 20 milligrammes par litre.

## *Article* 2

Est considéré  comme tentative de tromperie ou une tromperie aux termes de l'article premier de la loi du 1er août 1905, le fait de détenir sans motifs légitimes, d'exposer, de mettre en vente ou de vendre pour la consommation, des vins impropres à cet usage, ou des vins obtenus par mélange de vins et de vins impropres à la consommation.

Sont considérées comme frauduleuses les manipulations et pratiques qui ont pour objet de modifier l'état naturel du vin, dans le but soit de tromper l'acheteur sur les qualités substantielles ou l'origine du produit, soit d'en dissimuler l'altération et notamment le coupage des vins avec des vins impropres à la consommation.

En conséquence, rentre dans les cas prévus par les articles 3 et 4 de la loi du 1er août 1905 et par l'article 4 de la loi du 28 juillet 1912 le fait d'exposer, de mettre en vente ou de vendre, connaissant leur destination, ou de détenir sans motifs légitimes des produits propres à effectuer les manipulations ou pratiques ci-dessus visées et, notamment, des substances destinées:

à améliorer et bouqueter les moûts et les vins en vue de tromper l'acheteur sur leurs qualités substantielles, leur origine ou leur espèce ;

à guérir les moûts et les vins de leurs maladies en dissimulant leur altération ;

à fabriquer des vins artificiels ;

à masquer une falsification du vin, en faussant les résultats de l'analyse.

## *Article* 3

Ne constituent pas des manipulations et pratiques frauduleuses aux termes de la loi du 1er août 1905 les opérations ci-après énumérées, qui ont uniquement pour objet la vinification régulière ou la conservation des vins :

1° *En ce qui concerne les vins :*

Le coupage des vins entre eux ;

Le coupage des vins blancs secs, en vue de leur édulcoration avec des vins doux ou des moûts mutés à l'anhydride sulfureux, à la condition que le mélange ne contienne pas une dose de cet antiseptique supérieure à celle indiquée ci-dessous :

La congélation des vins en vue de leur concentration partielle ;

La pasteurisation, le filtrage, les soutirages, le traitement par l'air pur ou par l'oxygène pur ;

Les collages au moyen de clarifiants consacrés par l'usage,

tels que la terre d'infusoires, l'albumine pure, le sang frais, la caséine pure, la gélatine pure et la colle de poisson ;

L'addition de sel dans les limites fixées par la loi du 11 juillet 1891 ;

L'addition de tanin dans la mesure indispensable pour effectuer le collage au moyen des albumines ou de la gélatine ;

La clarification des vins blancs tachés, au moyen du charbon purifié exempt de principes nuisibles et non susceptible de céder au vin des quantités appréciables d'un corps pouvant en modifier la composition chimique ;

Le traitement par l'anhydride sulfureux. Les quantités employées seront telles que le vin ou le vin doux ne retienne pas plus de 450 milligrammes d'anhydride sulfureux par litre, dont 100 milligrammes au maximum à l'état libre. Toutefois, un écart de 10 % en plus de ces quantités est toléré ;

La coloration des vins obtenue par addition de caramel de raisin ;

L'addition d'acide citrique cristallisé pur, dans le but d'empêcher la casse à la dose maxima de o gr. 50 par litre.

2° *En ce qui concerne les moûts :*

Indépendamment de l'emploi du plâtre et du sucre dans les limites fixées par les lois du 11 juillet 1891 et du 28 janvier 1903[1] ;

Le traitement par les bisulfites alcalins cristallisés purs à une dose inférieure à 20 grammes par hectolitre et par l'anhydride sulfureux pur, sans limitation de quantité ;

Le désulfitage par un procédé physique, des moûts mutés par l'anhydride sulfureux en vue de les ramener à une teneur en acide sulfureux, telle que le vin qui sera obtenu par la fermentation desdits moûts ne renferme pas une quantité d'anhydride sulfureux supérieure à celle fixée ci-dessus pour les vins ;

L'addition de tanin ;

---

1. *Plâtrage.* — Le plâtrage est toléré à la condition que les vins mis en vente ou livrés ne contiennent pas plus de deux grammes de sulfate de potasse ou de soude par litre. Les fûts ou récipients contenant des vins plâtrés devront en porter l'indication en gros caractères. Les livres, factures, lettres de voiture, connaissements devront contenir les mêmes indications.

*Sucrage.* — Quiconque voudra ajouter du sucre à la vendange est tenu d'en faire la déclaration trois jours au moins à l'avance à la recette buraliste des contributions indirectes. La quantité de sucre ajoutée ne pourra être supérieure à 10 kilogs par 3 hectolitres de vendange ou 2 hectos de moût. L'emploi du sucre prévu par l'article 7 de la loi du 28 janvier 1903 ne pourra avoir lieu que durant la période des vendanges.

L'addition à la cuve d'acide tartrique cristallisé pur, dans les moûts insuffisamment acides. L'emploi simultané de l'acide tartrique et du sucre est interdit ;

L'addition de phosphate de chaux commercialement pur ;

L'addition de phosphate d'ammoniaque cristallisé pur ou de glycérophosphate d'ammoniaque pur, à la dose strictement nécessaire pour assurer le développement normal des levures ;

L'emploi des levures sélectionnées ;

La concentration partielle des moûts, mais seulement dans une limite telle que le moût concentré puisse subir la fermentation alcoolique sans aucune addition d'eau et en donnant un vin présentant une composition semblable à celle des vins qui peuvent être obtenus habituellement par les moûts de même origine que le moût soumis à la concentration. En aucun cas, la réduction de volume ne devra dépasser le dixième du volume du moût traité.

Indépendamment des pratiques énumérées limitativement ci-dessus, le Ministre de l'Agriculture peut, exceptionnellement, après consultation des associations agricoles des régions intéressées et sur avis conforme de la Commission permanente prévue par l'article 3 du règlement d'administration publique du 22 juillet 1919, dans les années et dans les régions où la pratique en sera reconnue nécessaire, autoriser, par arrêté, l'addition aux moûts trop acides des matières nécessaires pour ramener leur acidité à l'acidité moyenne des moûts de la même région en année normale.

L'arrêté détermine la nature et la quantité des matières dont l'emploi est autorisé à cet effet, ainsi que la période de temps pendant laquelle elles peuvent être employées ;

3° En ce qui concerne les moûts possédant naturellement, en puissance, une richesse alcoolique minima de 14 degrés, et provenant, pour les trois quarts au moins de leur volume total, de raisins de muscat, de grenache, de maccabéo ou de malvoisie, l'addition, en cours de fermentation, d'une quantité d'alcool ne dépassant pas 10 % du volume du vin à obtenir.

### *Article* 4

Dans les établissements où s'exerce le commerce de détail de vins, il doit être apposé d'une manière apparente sur les récipients, emballages, casiers ou fûts, une inscription indiquant la dénomination sous laquelle le vin est mis en vente.

Cette inscription n'est pas obligatoire pour les bouteilles et récipients dans lesquels les vins de consommation courante sont emportés séance tenante par l'acheteur ou servis par le vendeur pour être consommés sur place.

Lorsque le vin n'est pas vendu sous appellation d'origine,

la dénomination de vente doit être suivie de l'indication du titre alcoolique ; celui-ci peut être donné par degré et demi-degré ; mais dans ce cas, les dixièmes dépassant le degré ou le demi-degré ne doivent pas être comptés.

Les inscriptions doivent être rédigées sans abréviation, et disposées de façon à ne pas dissimuler la dénomination du produit.

## Titre II

### Vins mousseux

*Article* 5

Les dispositions du titre premier du présent décret sont applicables aux vins mousseux.

Indépendamment des manipulations et pratiques prévues à l'article 3 ci-dessus, sont considérés comme licites, en ce qui concerne spécialement les vins mousseux :

1º Les manipulations et traitements connus sous le nom de méthode champenoise ;

2º La gazéification partielle ou totale par addition d'acide carbonique pur, mais à la condition que les bouteilles contenant les vins dont l'effervescence aura été obtenue, même partiellement par addition d'acide carbonique ne provenant pas de leur propre fermentation, portent la mention « vin mousseux gazéifié » en caractères très apparents, c'est-à-dire, dont les dimensions soient au moins égales à la moitié de celles des caractères les plus grands figurant dans l'inscription et de même apparence typographique.

Aucun vin ne peut être détenu ou transporté en vue de la vente, mis en vente ou vendu sous la dénomination de « vin mousseux » que si son effervescence résulte d'une seconde fermentation alcoolique en vase clos, soit spontanée, soit produite suivant la méthode champenoise.

Les vins mousseux vendus sans appellation d'origine ne peuvent être mis en vente sans que les bouteilles soient revêtues d'une étiquette portant les mots « vin mousseux » en caractères très apparents, c'est-à-dire dont les dimensions soient au moins égales à la moitié de celles des caractères les plus grands, figurant dans l'inscription et de même apparence typographique.

## Titre III

### Eaux-de-vie

*Articles* 6-7-8-9

## Titre IV

### Dispositions générales applicables aux vins, aux vins mousseux et aux eaux-de-vie

#### *Article* 10

Les récipients et emballages dans lesquels des produits destinés à la préparation ou à la conservation des vins, vins mousseux et eaux-de-vie sont détenus en vue de la vente, mis en vente ou vendus, doivent être revêtus d'une étiquette portant l'indication des éléments entrant dant la composition du produit.

Ces éléments doivent être désignés par leur dénomination commerciale usuelle, sans abréviations qui soient de nature à tromper l'acheteur sur leur signification.

La dénomination de ces éléments, dont l'emploi n'est permis par le présent règlement qu'à des doses limitées, doit être suivie de l'indication de la quantité dudit élément contenue dans 100 grammes ou dans 1 litre du produit.

Les indications ci-dessus visées doivent être inscrites en caractères de dimensions au moins égales à la moitié des caractères les plus grands figurant sur l'étiquette et de même apparence typographique.

Les dispositions du présent article sont applicables aux inscriptions figurant dans les annonces, réclames et papiers de commerce, concernant les produits ci-dessus visés.

#### *Article* 11

Il est interdit à toute personne se livrant au commerce des vins ou eaux-de-vie de faire figurer sur ses étiquettes, marques, factures, papiers de commerce, emballages et récipients, la mention « propriétaire à », « viticulteur à », « négociant à », ou « commerçant à » suivie du nom d'une région ou d'un cru particulier sur le territoire desquels elle ne possède ni propriété, ni vignoble, ni établissement commercial.

#### *Article* 12

Lorsqu'un nom de région ou de localité constitue une appellation désignant un produit qui a un droit exclusif à cette appellation, les propriétaires, viticulteurs, négociants ou commerçants résidant dans cette région ou localité, quand ils mettent en vente ou vendent un produit n'ayant pas droit à ladite appellation, ne peuvent faire figurer sur leurs étiquettes, marques, factures, papiers de commerce, emballages et récipients, le nom de ladite région ou localité qu'à la condition de le faire précéder des mots « propriétaire à », « viticulteur à », « négociant à », ou « commerçant à », suivis de l'indication du département où est située la région ou la localité, le tout imprimé en caractères identiques.

### Article 13

L'emploi de toute indication ou signe susceptible de créer dans l'esprit de l'acheteur une confusion sur la nature ou sur l'origine des produits visés au présent décret, lorsque, d'après la convention ou les usages, la désignation de l'origine attribuée à ces produits devra être considérée comme la cause principale de la vente, est interdit en toutes circonstances et sous quelque forme que ce soit, notamment :

1º Sur les récipients et emballages ;

2º Sur les étiquettes, capsules, bouchons, cachets ou tout autre appareil de fermeture ;

3º Dans les papiers de commerce, factures, catalogues, prospectus, prix-courants, enseignes, affiches, tableaux-réclames, annonces ou tout autre moyen de publicité.

### Article 14

Un délai de trois mois, à dater de la publication du présent règlement, est accordé aux intéressés pour se conformer aux prescriptions des articles 4 (3e alinéa) 8 (dernier alinéa), 10, et, en ce qui concerne la dimension des caractères, aux prescriptions de l'article 5.

### Article 15

Sont abrogés les décrets des 3 septembre 1907, 6 novembre 1913 et 11 septembre 1920.

# TABLE DES MATIÈRES